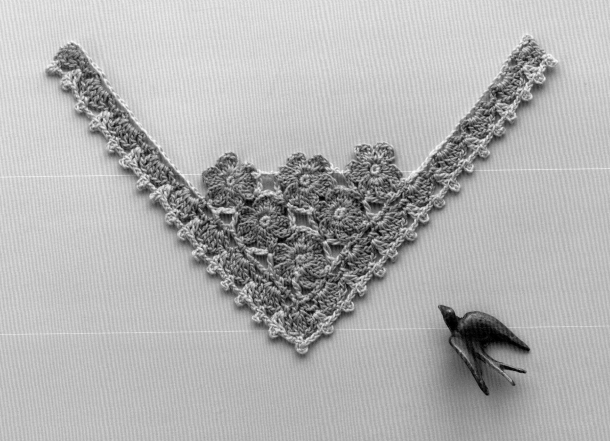

初次动手也可完成

美丽的转角花边钩织

corner pattern

日本 E&G 创意　编著

史海媛　译

河南科学技术出版社
·郑州·

目录

Part 1
frill pattern
荷叶边花样转角花边

 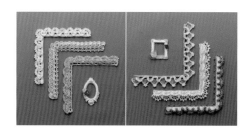 

Part 2
flower pattern
花朵花样转角花边

 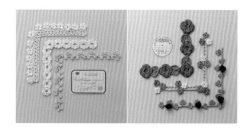

Part 3
simple pattern
简单花样转角花边

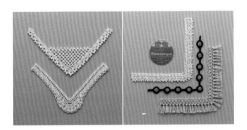

Part 4
gorgeous pattern
华丽花样转角花边

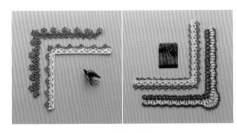

花片连接方法

❶ 在连接位置的锁针针目挑针引拔连接 ※ 通过作品 17 进行解说

1 第 2 片花片编织至第 1 片花片的前面。

2 在第 1 片花片连接位置的锁针针目的正面 2 根线和里山之间入针。

3 钩针挂线并引拔(左图)。引拔连接各花片(右图)。

4 按符号图编织,各花片连接完成。

❷ 在连接位置的针目头部挑针引拔连接 ※ 通过作品 22 进行解说

  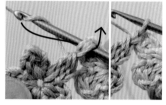 

1 第 2 片花片编织至第 1 片花片的前面。

2 在第 1 片花片连接位置(2 针长针的枣形针)的针目头部入针。

3 钩针挂线并引拔(左图)。引拔连接各花片(右图)。

4 按符号图编织,各花片连接完成。

❸ 把连接位置的针目整段挑起引拔连接 ※ 通过作品 26 进行解说

   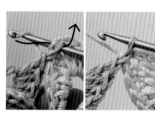

1 第 2 片花片编织至第 1 片花片的前面。

2 在第 1 片花片连接位置的锁针线圈中整段入针。

3 钩针挂线并引拔(左图)。引拔连接各花片(右图)。

❹ 多个花片在同一位置引拔连接 ※ 通过作品 26 进行解说

4 按符号图编织,各花片连接完成。

1 编织连接第 3 片花片。第 3 片花片编织至第 1 片及第 2 片花片的前面。

2 在连接第 2 片和第 1 片花片的引拔针目的根部 2 根线之间入针。

3 钩针挂线并引拔(左图)。引拔连接 3 片花片(右图)。

4 按符号图编织，第3片花片在第1片和第2片花片的连接处连接。

5 编织连接第4片花片。第4片花片编织至前面之后，第4片花片同第3片花片一样，分开第2片花片，在第1片花片的引拔针的根部2根线之间入针。

6 钩针挂线并引拔（左图）。引拔连接4片花片（右图）。

7 按符号图编织，第4片花片与第1、2、3片花片连接。

串珠编织的基础

● 串珠穿入编织线的方法

串珠针

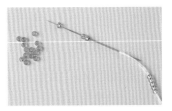

珠针

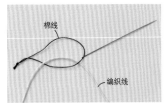

棉线

编织线

1 使用串珠针（中间开口针）从中间分开处穿入编织线。

2 用串珠针的前端挑起串珠，把串珠穿入编织线。

1 将棉线穿入珠针，打结。编织线穿入棉线的环中。

2 用针尖挑起串珠，经过棉线穿入编织线。

● 串珠的编入方法 ※串珠编入织片的反面

在锁针上编入1颗串珠的方法

在1针锁针上编入多颗串珠的方法

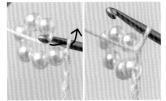

在短针上编入1颗串珠的方法

1 编织至需编入串珠的针目，将串珠送入根部，钩针挂线并引拔。

2 1针锁针编入1颗串珠的状态。串珠在锁针的内侧。

编织至需编入串珠的针目，把指定数量的串珠送入根部，钩针挂线并引拔（左图）。串珠在锁针的内侧（右图）。

1 在最后引拔短针前（未完成的短针参照p.77），将串珠送入根部（左图）。钩针挂线并引拔（右图）。

正面　反面

在长针上编入1颗串珠的方法

正面　反面

2 在短针上编入1颗串珠的状态。串珠在短针的内侧（左图）。右图为织片的反面。

1 在最后引拔长针前（未完成的长针参照p.77），将串珠送入根部。

2 钩针挂线并引拔。

3 在长针上编入1颗串珠的状态。串珠在长针的内侧（左图）。右图为织片的反面。

12 图片/p.16 做法/p.18

花瓣的编织方法

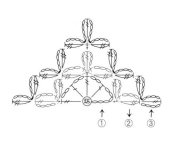

第2行

1 第1行编织完成之后,接着编织第2行立织的4针锁针。接着,第1行的长长针头部,编织"1针长长针、3针锁针、1针短针"。一端编织1片内层花瓣。

2 接着,编织3针锁针,在步骤1的相同针目中,编织2针未完成的长长针(参照p.77),钩针挂线一并引拔出(左图)。编织3针锁针和2针长长针的枣形针,编织完成内层花瓣的第2片(右图)。

3 按相同要领,编织"2针长长针的枣形针和3针锁针",在相同针目中编织1针短针,编织完成内层花瓣的第3片。

第3行

4 按相同要领,参照符号图编织第2行至另一端。内层花瓣全部编织完成。

5 继续编织第3行。首先,参照符号图,在第2行的2针长长针的枣形针的头部,编织第1、2片的花瓣。

6 参照符号图,从第2行的一端至第3片的花瓣的2针长长针的枣形针头部,编织第3、4片的花瓣。内层2片花瓣和外层2片花瓣对齐,编织成有4片花瓣的花。

7 按相同要领,参照符号图编织第3行至另一端。外层花瓣全部编织完成。

褶边的编织方法

褶边第1行

褶边第2行

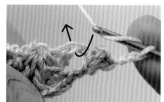

第5行按符号图编织褶边的第1行。

1 编织褶边的第2行。首先编织3针锁针,褶边的第1行压向前面,第5行的长长针的头部编织1个花样。

2 编织完成1个花样。

3 按相同要领编织至另一端,褶边的第2行编织完成。

褶边第3行

看着反面编织的短针的反拉针 ※看着反面编织的反拉针 替换成正拉针 开始编织

1 编织褶边的第3行。编织"立织的1针锁针、1针短针、2针锁针"。

2 编织短针的反拉针。此行看着反面编织,将反拉针替换成正拉针编织。如箭头所示,在第5行长长针的根部入针。接着,钩针挂线,如箭头所示拉出。

3 钩针再次挂线,如箭头所示引拔(左图)。看着反面,编织短针的反拉针(短针的正拉针)完成1针(右图)。

4 按相同要领编织至另一端,褶边的第3行编织完成。

18 图片/p.24 做法/p.26

花朵的编织方法（第3行）

1 编织第3行的花。首先编织①的3针锁针，再编织②、③的长针。接着，制作④的5针锁针的线圈。

2 线圈整段挑起，编织5片⑤的花瓣（左图）。编织⑥的3针锁针，第2行的锁针的线圈整段挑起后引拔，完成1朵花（右图）。

20 图片/p.24 做法/p.26

继续编织花的各部分

1 编织完1朵花的花样，接着编织3针锁针。在第3片花瓣的第2针长长针的根部的1根线中入针（斜着渡1根线）。

2 钩针挂线并引拔。

3 在锁针反面渡线，编织线移动至编织下朵花的位置。织片翻到正面，接着逐个编织花朵的一个编织花样。

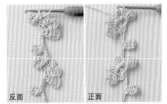

4 如图所示，连续编织花的各个部分。左图为织片的反面。右图为织片的正面。

反面　　正面

36 图片/p.41，做法/p.43

编织终点锁针的连接方法

1 编织至第2行最后的短针，线穿入手缝针，从第2行的第1针短针的根部入针。

2 手缝针重新穿入第2行最后的短针的头部。编织起点和编织终点的针目整齐连接成锁针链（右上图）。

37 图片/p.41 做法/p.43

流苏的连接方法

1 线缠绕于3.5cm宽的硬纸板上，剪开单侧的线环，制作7cm（流苏长＋余量）的线束。

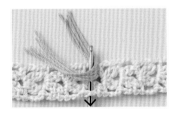

2 从织片的反面入针，取4根线对折挂在钩针前面，拉出。

3 钩针挂线并引拔。

4 1个流苏连接于主体。线头按指定长度裁剪整齐。

50 图片/p.53 做法/p.55

5针长针的爆米花针（反面）

※看着织片的反面编织时的5针长针的爆米花针的编织方法

1 编织5针长针，钩针先从针目中松开。

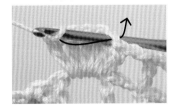

2 从反面重新在第1针长针的头部入针（参照步骤1的箭头所示），松开的针目挂于针头引拔。

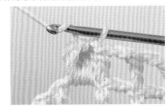

3 再编织1针锁针，拉紧。

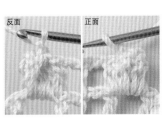

4 5针长针的爆米花针反面编织完成1针（左图）。织片的正面鼓起（右图）。

反面　　正面

荷叶边花样转角花边

柔美、惹人喜爱的荷叶边转角花边，
是许多女性的最爱。

在吊带衫胸前点缀荷叶边，
更显华丽。

* 使用 p9 作品 3

Single frill
单层荷叶边转角花边

飘逸又立体的可爱单层荷叶边转角花边。
可根据喜好，调整宽度及颜色。

做法：作品1、2、3/p.10 作品4、5/p.11 设计、制作：镰田惠美子

1

2

3

4

5

1 图片/p.9

线：奥林巴斯 Emmy Grande/蓝色系
（361）…9g
针：蕾丝针0号
成品尺寸：1边（内侧边长）约12.5cm

2 图片/p.9

线：奥林巴斯 Emmy Grande/粉色系
（111）…6g
针：蕾丝针0号
成品尺寸：1边（内侧边长）约13cm

3 图片/p.9

线：奥林巴斯 Emmy Grande（Herbs）/米色系
（732）…4g
针：蕾丝针0号
成品尺寸：1边（内侧边长）约14cm

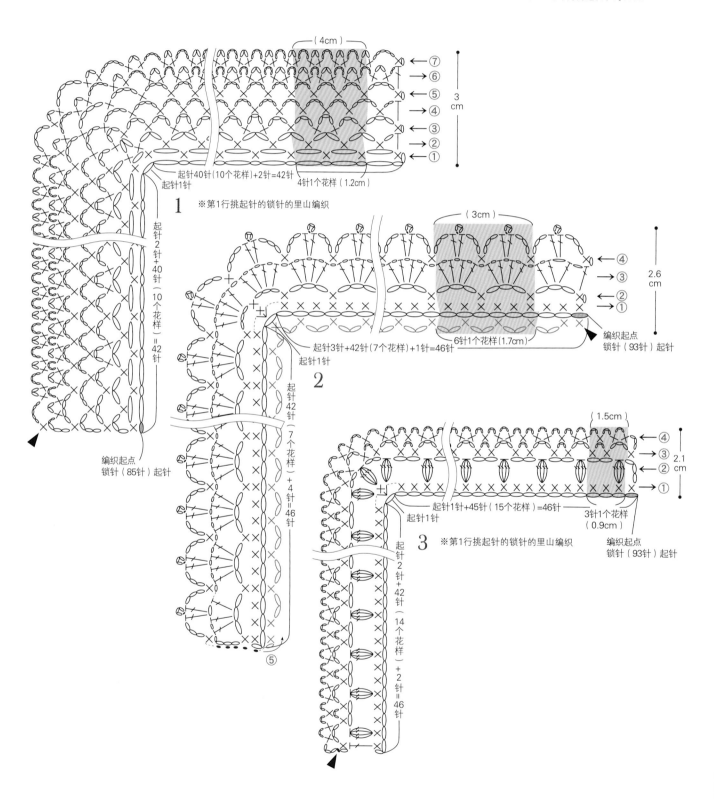

（4cm）

3 cm

← ⑦
→ ⑥
← ⑤
→ ④
← ③
→ ②
← ①

起针40针（10个花样）+2针=42针
起针1针

4针1个花样（1.2cm）

起针2针+40针（10个花样）=42针

1 ※第1行挑起针的锁针的里山编织

（3cm）

2.6 cm

← ④
→ ③
← ②
→ ①

起针3针+42针（7个花样）+1针=46针
起针1针

6针1个花样（1.7cm）

编织起点
锁针（93针）起针

起针42针（7个花样）+4针=46针

编织起点
锁针（85针）起针

2

（1.5cm）

2.1 cm

← ④
→ ③
← ②
→ ①

起针1针+45针（15个花样）=46针
起针1针

3针1个花样（0.9cm）

编织起点
锁针（93针）起针

起针2针+42针（14个花样）+2针=46针

3 ※第1行挑起针的锁针的里山编织

⑤

4　图片/p.9

线：奥林巴斯 Emmy Grande（Herbs）/紫色系
（600）…5g
针：蕾丝针0号
成品尺寸：1边（内侧边长）约12cm

5　图片/p.9

线：奥林巴斯 Emmy Grande（Colors）/原白色
（804）…8g
针：蕾丝针0号
成品尺寸：1边（内侧边长）约12.5cm

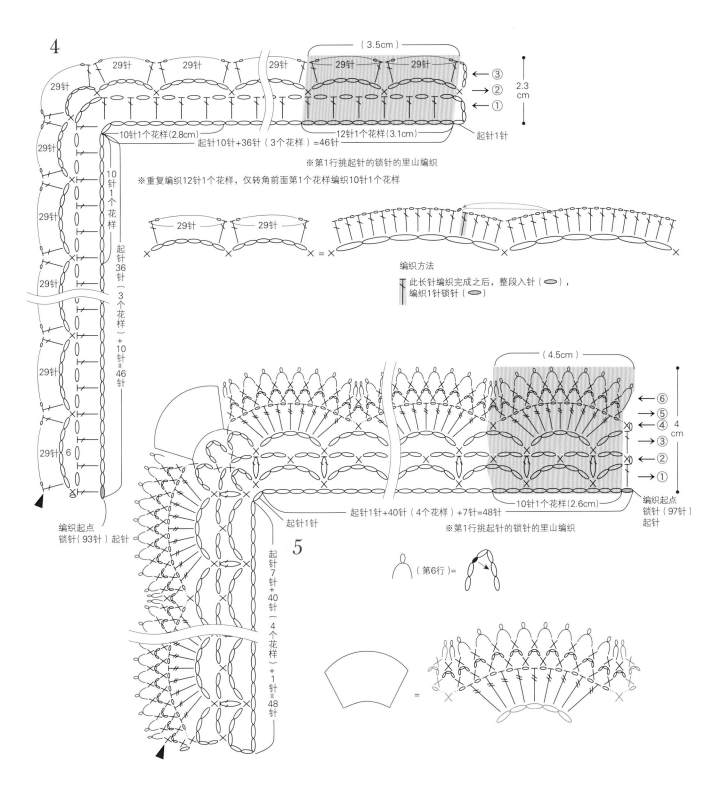

4

29针　29针　29针　29针　29针　29针

（3.5cm）

←③
→②
←①

2.3cm

10针1个花样(2.8cm)
起针10针+36针（3个花样）=46针

12针1个花样(3.1cm)
起针1针

※第1行挑起针的锁针的里山编织

※重复编织12针1个花样，仅转角前面第1个花样编织10针1个花样

29针　29针

29针　29针　= ×

编织方法
此长针编织完成之后，整段入针（　），
编织1针锁针（　）

10针1个花样
起针36针（3个花样）+10针=46针

29针 6

编织起点
锁针（93针）起针

起针1针

5

（4.5cm）

←⑥
→⑤
←④
→③
←②
→①

4cm

10针1个花样(2.6cm)
起针1针+40针（4个花样）+7针=48针

编织起点
锁针（97针）
起针

※第1行挑起针的锁针的里山编织

起针7针+40针（4个花样）+1针=48针

（第6行）=

=

11

Double frill

双层荷叶边转角花边

做法：作品6、7/p.14　作品8、11/p.73　作品9、10/p.15　设计：冈真理子　制作：水野 顺

排列整齐的双层荷叶边转角花边，
更显优雅。

2种颜色编织成的转角花边
同单色感觉大不一样。

9

10

11

6 图片/p.12

线：DMC Cebelia（10号）/原白色
（3865）…5g
针：蕾丝针2号
成品尺寸：1边（内侧边长）约12.5cm

7 图片/p.12

线：DMC Cebelia（10号）/米色系
（ECRU）…6g
针：蕾丝针2号
成品尺寸：1边（内侧边长）约13cm

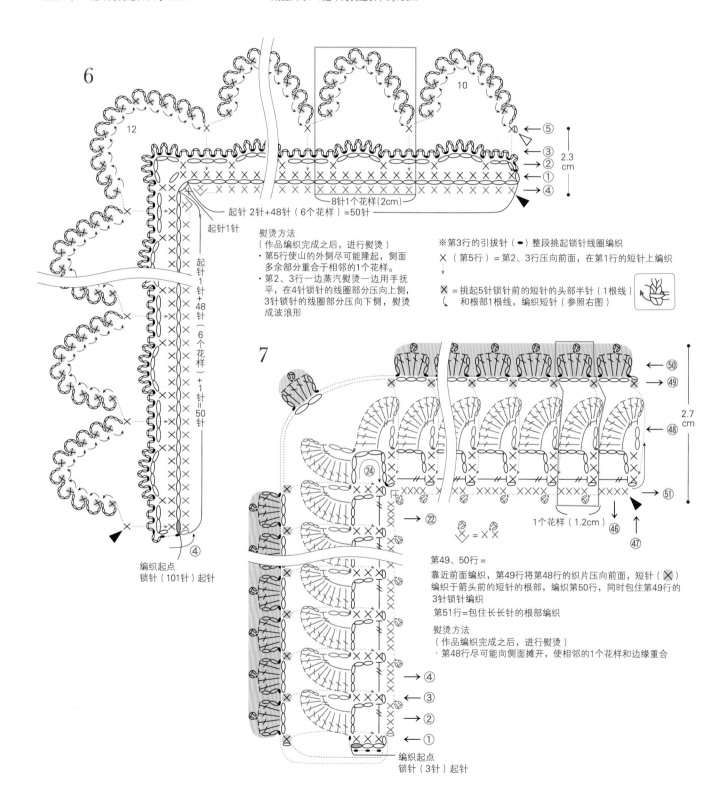

6

12

起针 2针+48针（6个花样）=50针

起针1针

起针1针+48针（6个花样）+1针=50针

④

编织起点
锁针（101针）起针

熨烫方法
（作品编织完成之后，进行熨烫）
·第5行使山的外侧尽可能隆起，侧面
多余部分重合于相邻的1个花样。
·第2、3行一边蒸汽熨烫一边用手抚
平，在4针锁针的线圈部分压向上侧，
3针锁针的线圈部分压向下侧，熨烫
成波浪形

10

8针1个花样（2cm）

2.3 cm

⑤③②①④

※第3行的引拔针（●）整段挑起锁针线圈编织
╳（第5行）＝第2、3行压向前面，在第1行的短针上编织

╳ ＝挑起5锁针前的短针的头部半针（1根线）
和根部1根线，编织短针（参照右图）

7

50 49 48 51 46 47

2.7 cm

1个花样（1.2cm）

24

22

⌇ = ╳╳

4 3 2 1

编织起点
锁针（3针）起针

第49、50行 =
靠近前面编织，第49行将第48行的织片压向前面，短针（╳）
编织于箭头前的短针的根部，编织第50行，同时包住第49行的
3针锁针编织
第51行=包住长长针的根部编织

熨烫方法
（作品编织完成之后，进行熨烫）
·第48行尽可能向侧面摊开，使相邻的1个花样和边缘重合

9 图片/p.13

线：DMC Babylo（10号）蓝色系（800）…4g、
白色（BLANC）…2g
针：蕾丝针2号
成品尺寸：1边（内侧边长）约13cm

10 图片/p.13

线：DMC Babylo（10号）白色（BLANC）、原白色
（ECRU）…各3g
针：蕾丝针2号
成品尺寸：1边（内侧边长）约12.5cm

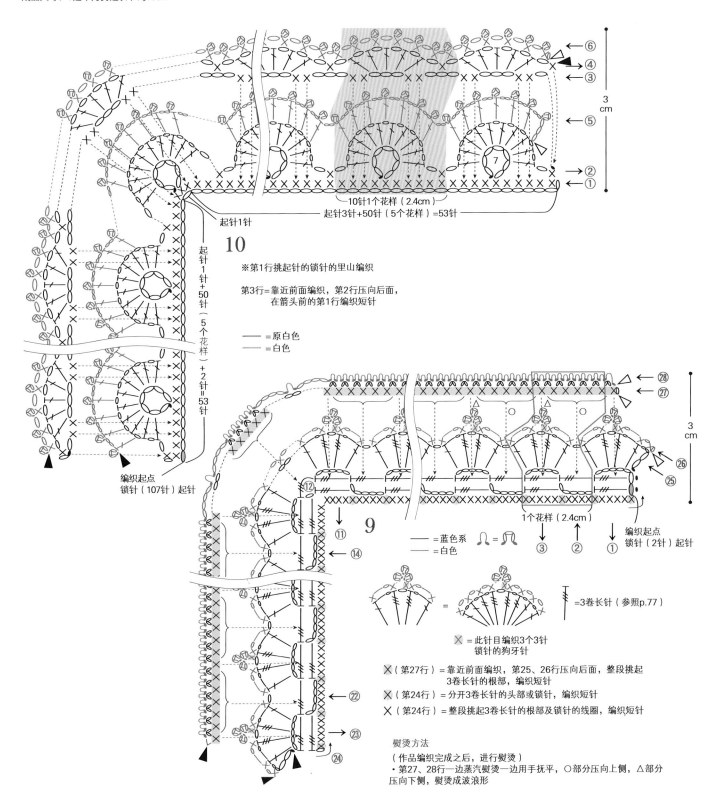

10

※第1行挑起针的锁针的里山编织

第3行＝靠近前面编织，第2行压向后面，
在箭头前的第1行编织短针

—— ＝原白色
—— ＝白色

10针1个花样（2.4cm）
起针3针+50针（5个花样）=53针
起针1针

起针1针+50针（5个花样）+2针=53针

编织起点
锁针（107针）起针

9

—— ＝蓝色系
—— ＝白色

1个花样（2.4cm）

编织起点
锁针（2针）起针

$\cancel{/}$＝3卷长针（参照p.77）

☒ ＝此针目编织3个3针
锁针的狗牙针

☒（第27行）＝靠近前面编织，第25、26行压向后面，整段挑起
3卷长针的根部，编织短针

☒（第24行）＝分开3卷长针的头部或锁针，编织短针

☒（第24行）＝整段挑起3卷长针的根部及锁针的线圈，编织短针

熨烫方法
（作品编织完成之后，进行熨烫）
·第27、28行一边蒸汽熨烫一边用手抚平，○部分压向上侧，△部分
压向下侧，熨烫成波浪形

多重荷叶边的三角形转角花边

做法：作品12/p.18　作品13/p.19　*Point Lesson* 作品12/p.6　设计、制作：武田敦子

各种风格的多重荷叶边转角花边。
搭配服饰时既可爱又不会显得过于甜腻。

12

13

多重荷叶边的三角形转角花边

华丽的转角花边，
可以成为披肩的时尚点缀。

★ 使用作品 13

线：DARUMA蕾丝线 蕾丝线30号 葵/白色
（15）…9g
针：蕾丝针4号
成品尺寸：1边（内侧边长）约15.5cm

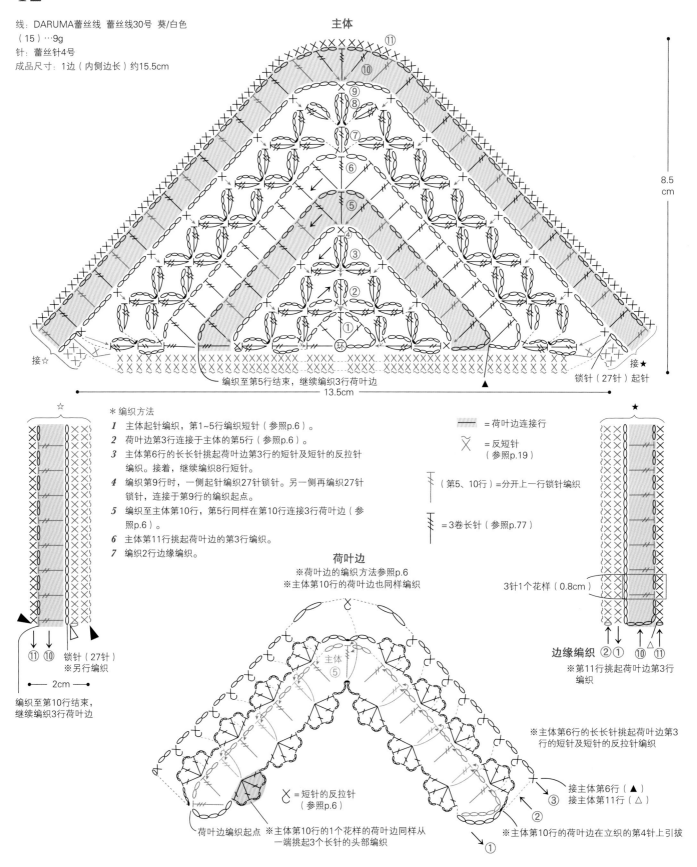

主体

8.5 cm

接☆　接★

编织至第5行结束，继续编织3行荷叶边
13.5cm
锁针（27针）起针

※编织方法
1 主体起针编织，第1~5行编织短针（参照p.6）。
2 荷叶边第3行连接于主体的第5行（参照p.6）。
3 主体第6行的长长针挑起荷叶边第3行的短针及短针的反拉针编织。接着，继续编织8针短针。
4 编织第9行时，一侧起针编织27针锁针。另一侧再编织27针锁针，连接于第9行的编织起点。
5 编织至主体第10行，第5行同样在第10行连接3行荷叶边（参照p.6）。
6 主体第11行挑起荷叶边的第3行编织。
7 编织2行边缘编织。

= 荷叶边连接行
= 反短针（参照p.19）
（第5、10行）=分开上一行锁针编织
= 3卷长针（参照p.77）

3针1个花样（0.8cm）

边缘编织 ②① ⑩ △ ⑪
※第11行挑起荷叶边第3行编织

☆
⑪ ⑩ 锁针（27针）※另行编织
← 2cm →
编织至第10行结束，继续编织3行荷叶边

荷叶边
※荷叶边的编织方法参照p.6
※主体第10行的荷叶边也同样编织

主体 ⑤

X =短针的反拉针（参照p.6）

荷叶边编织起点 ※主体第10行的1个花样的荷叶边同样从一端挑起3个长针的头部编织

※主体第6行的长长针挑起荷叶边第3行的短针及短针的反拉针编织
接主体第6行（▲）③
接主体第11行（△）②
※主体第10行的荷叶边在立织的第4针上引拔
①

13 图片/p.16

线：DARUMA蕾丝线 长绒棉古典/原白色（2）…8g
针：钩针2/0号
成品尺寸：1边（内侧边长）约16.5cm

＊ 编织方法
1 主体编织17行。
2 接主体的第17行终点，编织饰边的起针的20
  针锁针（★）。主体的另一侧的一端同样接
  线，编织20针锁针（☆）。
3 从步骤 2 的针目和主体挑起饰边的第1行，
  开始编织。接着，编织第2、3行。

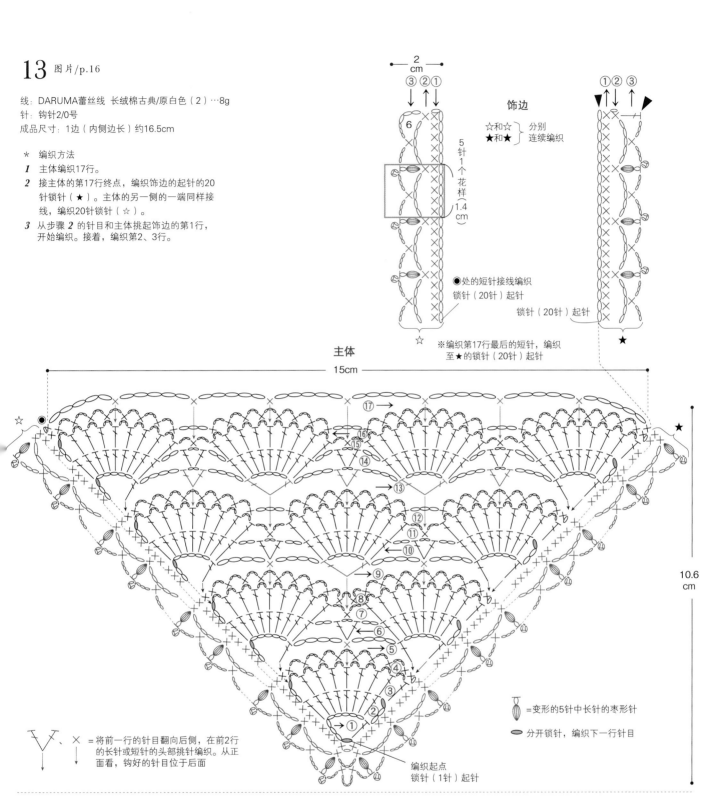

饰边

☆和☆ ｝ 分别
★和★ ｝ 连续编织

●处的短针接线编织
锁针（20针）起针

锁针（20针）起针

☆ ※编织第17行最后的短针，编织
    至★的锁针（20针）起针

主体
15cm

10.6 cm

变形的5针中长针的枣形针
分开锁针，编织下一行针目

编织起点
锁针（1针）起针

= 将前一行的针目翻向后侧，在前2行
  的长针或短针的头部挑起编织。从正
  面看，钩好的针目位于后面

反短针

1 立织1针锁针，如
  箭头所示从前面入
  针。

2 挂线，如箭头所示
  将线拉出至前面。

3 再次挂线，从2个线
  圈中引拔。第1针完
  成。

4 如箭头所示，从前面
  入针于下个针目。

5 挂线，如箭头所示
  将线拉出至前面。

6 再次挂线，从2个线圈中
  引拔。第2针完成。重复
  步骤4~6，编织反短针。

Part 2
flower pattern
花朵花样转角花边

各种形状、各种颜色的个性花朵。

各个场合都适用的可爱花朵，以美丽的姿态绽放。

14

优美的方眼花样编织出的
玫瑰图案非常精致。

Rose
玫瑰转角花边

做法：作品14、15/p.22　作品16、17/p.23　*Basic Lesson* 作品17/p.4　设计、制作：松本薰

藤蔓玫瑰或剪影效果的玫瑰图案。
各种各样的玫瑰转角花边令人惊叹。

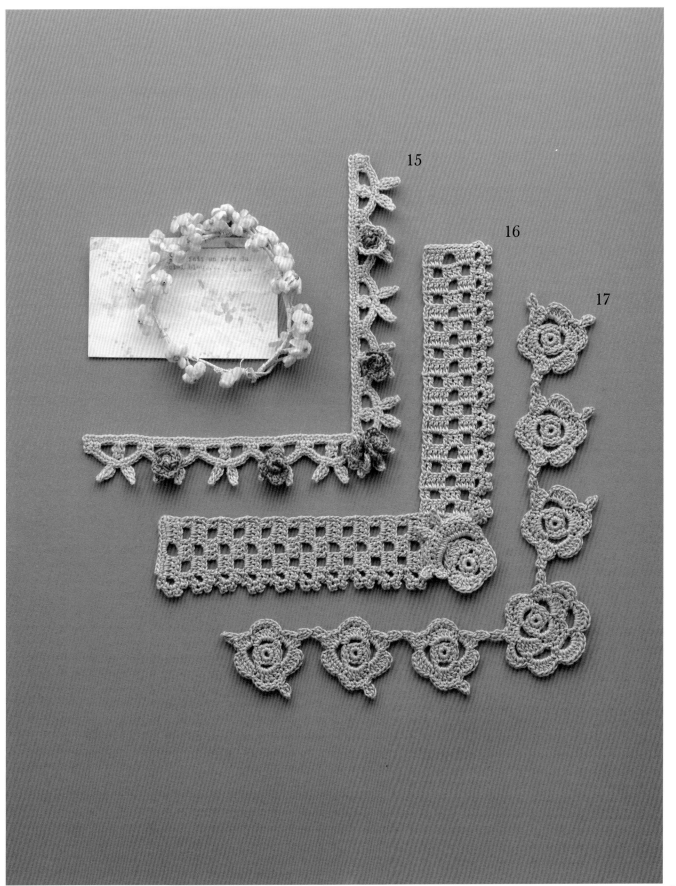

14 图片/p.20

线：奥林巴斯 Emmy Grande/原白色
（851）…5g
针：蕾丝针0号
成品尺寸：1边（内侧边长）约15cm

15 图片/p.21

线：奥林巴斯 Emmy Grande/绿色系（243）…3g
Emmy Grande（Colorful）/粉紫色系混色（C3）…2g
针：蕾丝针0号
成品尺寸：1边（内侧边长）约12.5cm

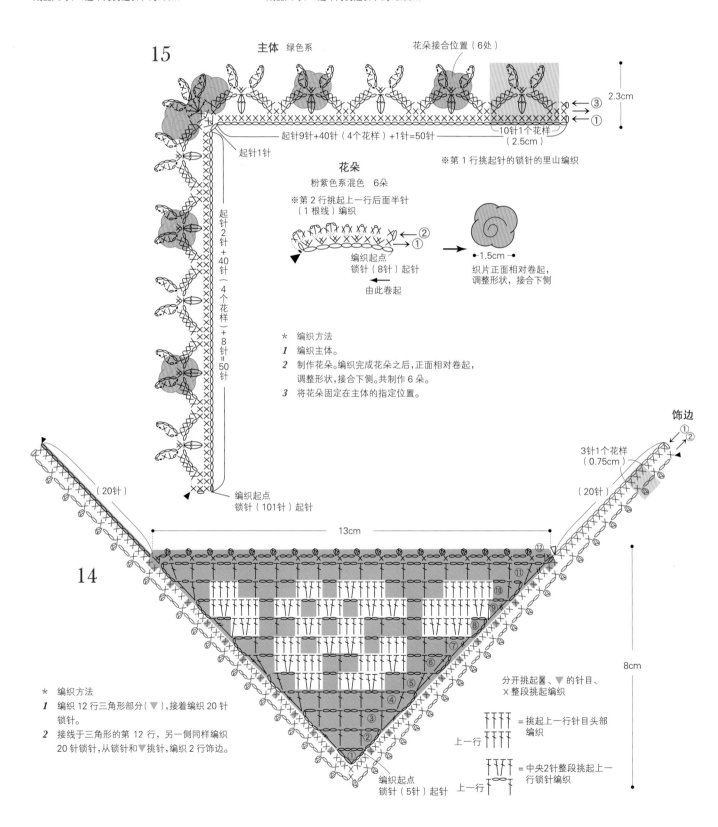

15

主体 绿色系

花朵接合位置（6处）

2.3cm

起针9针+40针（4个花样）+1针=50针

10针1个花样
（2.5cm）

起针1针

起针2针+40针（4个花样）+8针=50针

花朵

粉紫色系混色 6朵

※第2行挑起上一行后面半针
（1根线）编织

※第1行挑起针的锁针的里山编织

编织起点
锁针（8针）起针

由此卷起

1.5cm

织片正面相对卷起，
调整形状，接合下侧

* 编织方法
1 编织主体。
2 制作花朵。编织完成花朵之后，正面相对卷起，
调整形状，接合下侧。共制作6朵。
3 将花朵固定在主体的指定位置。

编织起点
锁针（101针）起针

饰边

3针1个花样
（0.75cm）

（20针）

（20针）

13cm

14

8cm

分开挑起 ✕、▼ 的针目、
✕ 整段挑起编织

= 挑起上一行针目头部
编织

上一行

= 中央2针整段挑起上一
行锁针编织

上一行

* 编织方法
1 编织12行三角形部分（▼），接着编织20针
锁针。
2 接线于三角形的第12行，另一侧同样编织
20针锁针，从锁针和▼挑针，编织2行饰边。

编织起点
锁针（5针）起针

16 图片/p.21

线：奥林巴斯 Emmy Grande（Herbs）/粉色系
（118）…7g
针：蕾丝针0号
成品尺寸：1边（内侧边长）约12.5cm

17 图片/p.21、Basic Lesson/p.4

线：奥林巴斯 Emmy Grande（Herbs）/粉色系
（141）…6g
针：蕾丝针0号
成品尺寸：1边（内侧边长）约15cm

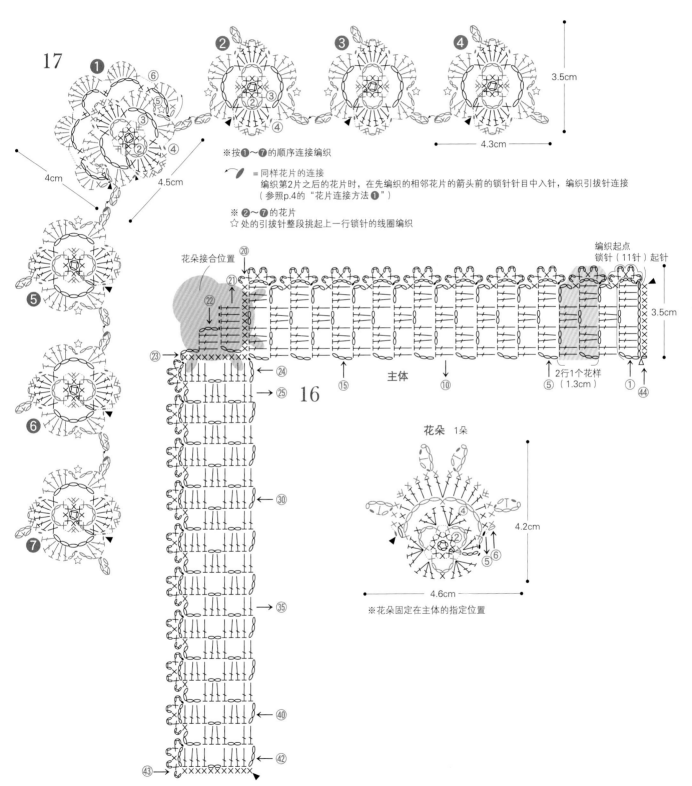

※按①～⑦的顺序连接编织

= 同样花片的连接
编织第2片之后的花片时，在先编织的相邻花片的箭头前的锁针针目中入针，编织引拔针连接
（参照p.4的"花片连接方法①"）

※②～⑦的花片
☆处的引拔针整段挑起上一行锁针的线圈编织

花朵接合位置

编织起点
锁针（11针）起针

主体

2行1个花样
（1.3cm）

花朵　1朵

4.2cm

4.6cm

※花朵固定在主体的指定位置

23

Floret
小花转角花边

做法：作品18、19、20/p.26　作品21、22/p.27　作品23/p.74　Basic Lesson 作品22/p.4
Point Lesson 作品18、20/p.7　设计、制作：草本美树

迷人的小花朵魅力盛开。
单色的花朵更自然，尽显成熟气质。

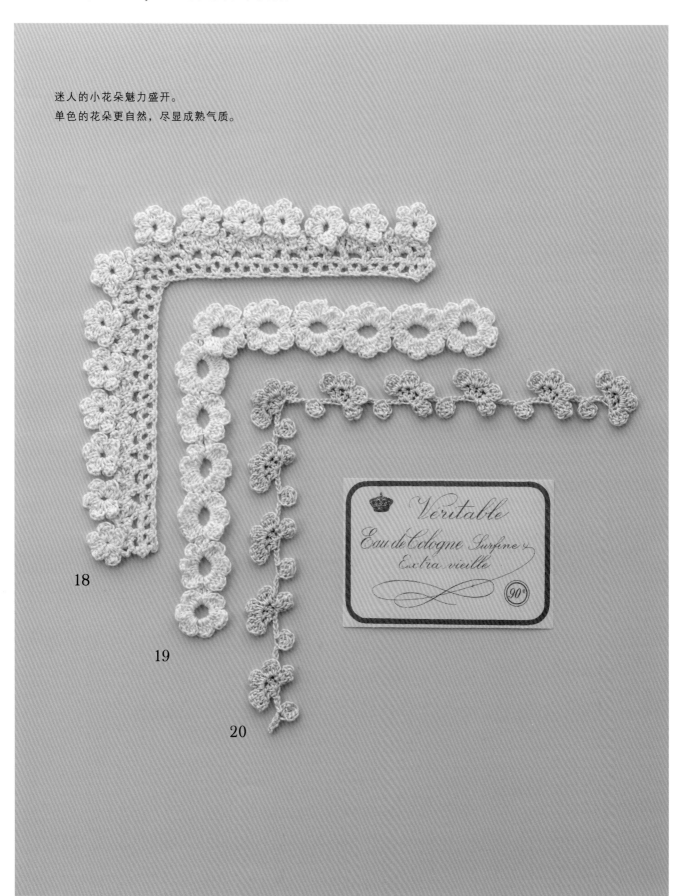

18

19

20

21

22

23

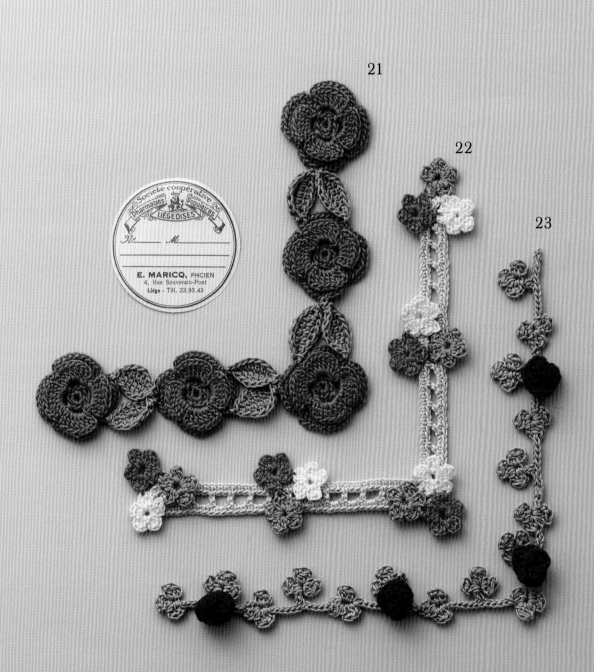

多彩的花朵令人心旷神怡。

18 图片/p.24、*Point Lesson*/p.7

线：奥林巴斯 Emmy Grande（Bijou）/原白色金属
线（L805）…7g
针：蕾丝针2号
成品尺寸：1边（内侧边长）约12cm

19 图片/p.24

线：奥林巴斯 Emmy Grande（Colors）/原白色
（804）…5g
针：蕾丝针2号
成品尺寸：1边（内侧边长）约12.5cm

20 图片/p.24、*Point Lesson*/p.7

线：奥林巴斯 Emmy Grande（Herbs）/米色系
（732）…3g
针：蕾丝针2号
成品尺寸：1边（内侧边长）约16cm

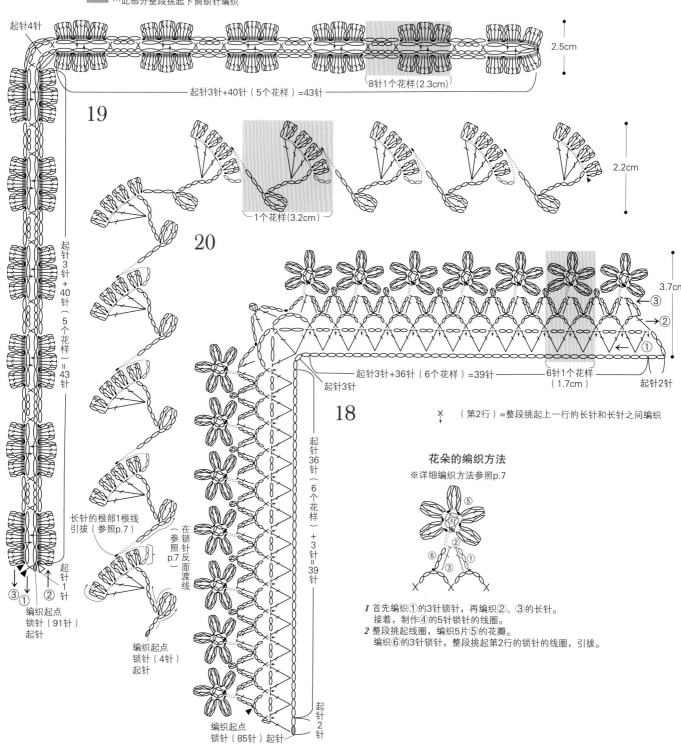

▩▩▩ …此部分整段挑起下侧锁针编织

起针4针

2.5cm

8针1个花样（2.3cm）

起针3针+40针（5个花样）=43针

19

2.2cm

1个花样（3.2cm）

20

起针3针+40针（5个花样）=43针

3.7cm

③
②
①

起针3针+36针（6个花样）=39针

6针1个花样（1.7cm）

起针2针

起针3针

18

✕（第2行）=整段挑起上一行的长针和长针之间编织

长针的根部1根线引拔（参照p.7）

在锁针反面渡线（参照p.7）

③① ②
起针1针

编织起点
锁针（91针）
起针

编织起点
锁针（4针）
起针

编织起点
锁针（85针）起针

起针36针（6个花样）+3针=39针

起针2针

花朵的编织方法
※详细编织方法参照p.7

⑤
④
②
⑥ ③

1 首先编织①的3针锁针，再编织②、③的长针。
接着，制作④的5针锁针的线圈。
2 整段挑起线圈，编织5片⑤的花瓣。
编织⑥的3针锁针，整段挑起第2行的锁针的线圈，引拔。

21 图片/p.25

线：奥林巴斯 Emmy Grande（Herbs）/橙色系（171）…6g
Emmy Grande（Colors）/绿色系（229）…2g
针：蕾丝针2号
成品尺寸：1边（内侧边长）约10cm

22 图片/p.25、*Basic Lesson*/p.4

线：奥林巴斯 Emmy Grande（Herbs）/米色系（732）…2g
Emmy Grande（Colors）/橙色系（172）、绿色系（229）…各1.5g
Emmy Grande/黄色系（520）…1.5g
针：蕾丝针2号
成品尺寸：1边（内侧边长）约11cm

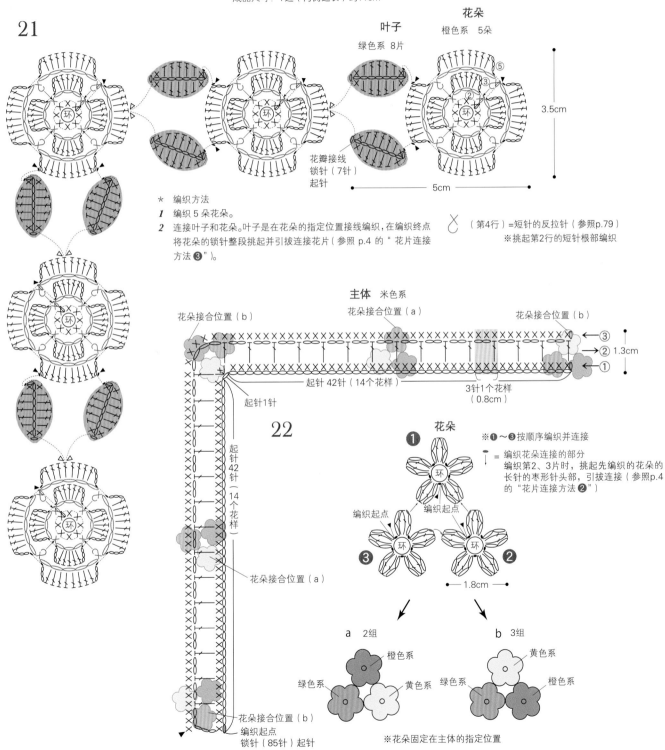

21

花朵
橙色系　5朵

叶子
绿色系　8片

花瓣接线
锁针（7针）
起针

3.5cm

5cm

* 编织方法
1　编织5朵花朵。
2　连接叶子和花朵。叶子是在花朵的指定位置接线编织，在编织终点将花朵的锁针整段挑起并引拔连接花片（参照 p.4 的" 花片连接方法❸"）。

（第4行）=短针的反拉针（参照p.79）
※挑起第2行的短针根部编织

主体　米色系

花朵接合位置（b）
花朵接合位置（a）
花朵接合位置（b）

③
②　1.3cm
①

起针42针（14个花样）

3针1个花样（0.8cm）

起针1针

起针42针（14个花样）

花朵接合位置（a）

22

花朵

※❶～❸按顺序编织并连接

↕ = 编织花朵连接的部分
编织第2、3片时，挑起先编织的花朵的长针的枣形针头部，引拔连接（参照p.4的"花片连接方法❷"）

❶

编织起点　编织起点

❸　环　环　❷

1.8cm

a　2组
橙色系
绿色系　黄色系

b　3组
黄色系
绿色系　橙色系

※花朵固定在主体的指定位置

花朵接合位置（b）
编织起点
锁针（85针）起针

Irish flower
爱尔兰花转角花边 I

做法：作品24、25/p.30　作品26/p.31　*Basic Lesson* 作品26/p.4、5　设计、制作：芹泽圭子

具有高级感的纤细爱尔兰花，多
用于精美物品的装饰。

24

25

26

令人印象深刻的转角花边，
点缀桌布等也很出彩。

* 使用作品 24

24 图片/p.28

线：DMC Cebelia（20号）/米色系（739）…6g
针：蕾丝针4号
成品尺寸：1边（内侧边长）约14cm

25 图片/p.28

线：DMC Cebelia（20号）/原白色（712）…3g
针：蕾丝针4号
成品尺寸：1边（内侧边长）约12.5cm

* 作品25的编织方法
1 按❶~❼的顺序编织并连接花朵和叶子。
2 编织边缘编织，同步骤 1 编织。

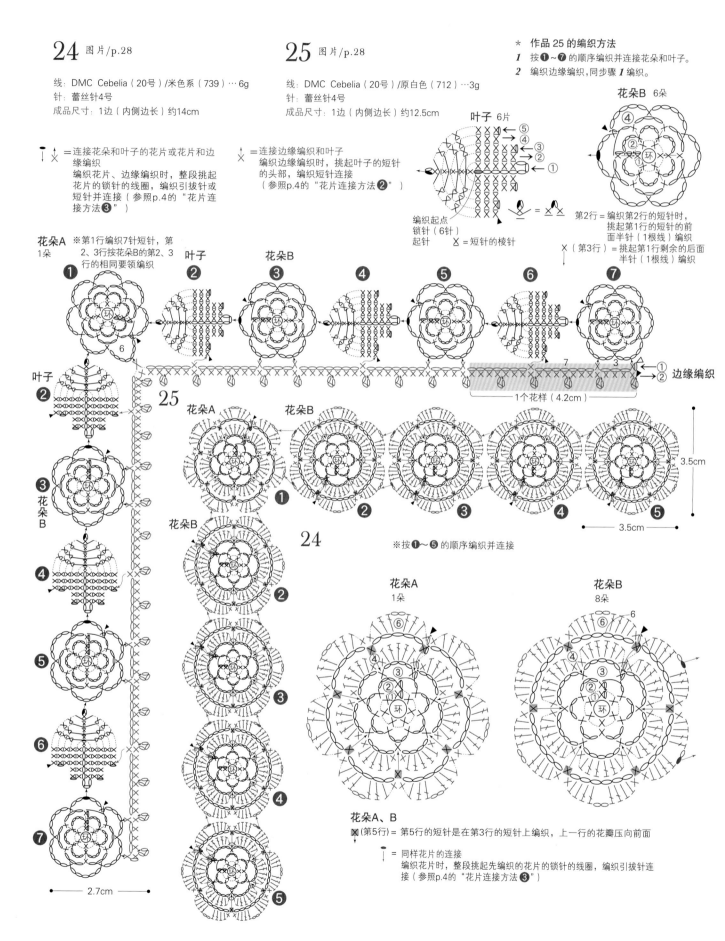

↕↓✕=连接花朵和叶子的花片或花片和边缘编织
编织花片、边缘编织时，整段挑起花片的锁针的线圈，编织引拔针或短针并连接（参照p.4的"花片连接方法❸"）

↓✕=连接边缘编织和叶子
编织边缘编织时，挑起叶子的短针的头部，编织短针连接（参照p.4的"花片连接方法❷"）

叶子 6片

编织起点
锁针（6针）
起针　✕=短针的棱针

花朵B 6朵

第2行=编织第2行的短针时，挑起第1行的短针的前面半针（1根线）编织
✕（第3行）=挑起第1行剩余的后面半针（1根线）编织

花朵A ※第1行编织7针短针，第2、3行按花朵B的第2、3行的相同要领编织
1朵

❶ ❷叶子 ❸花朵B ❹ ❺ ❻ ❼

叶子 ❷

❸花朵B

❹

❺

❻

❼

7　3　①②边缘编织
1个花样（4.2cm）

2.7cm

25

花朵A　花朵B

❶ ❷ ❸ ❹ ❺

花朵B

❷

❸

❹

❺

3.5cm
3.5cm

※按❶~❺的顺序编织并连接

24

花朵A
1朵

⑥④③②环

花朵B
8朵

⑥④③②环　6

花朵A、B
✕（第5行）= 第5行的短针是在第3行的短针上编织，上一行的花瓣压向前面

↓ = 同样花片的连接
编织花片时，整段挑起先编织的花片的锁针的线圈，编织引拔针连接（参照p.4的"花片连接方法❸"）

线：DMC Cebelia（20号）/原白色（712）…10g
针：蕾丝针4号
成品尺寸：1边（内侧边长）约14cm

= 同样花片的连接
编织花片时，整段挑起先编织的花片箭头前的锁针的线圈或短针和短针之间，编织引拔针连接（参照p.4的"花片连接方法❸"）。

多个花片在同一处连接
= 3片以上花片连接于1处时，分开第2片和第1片花片连接的引拔针的根部2根线入针，编织引拔针连接（参照p.4的"花片连接方法❹"）。

※按❶~❾的顺序编织并连接

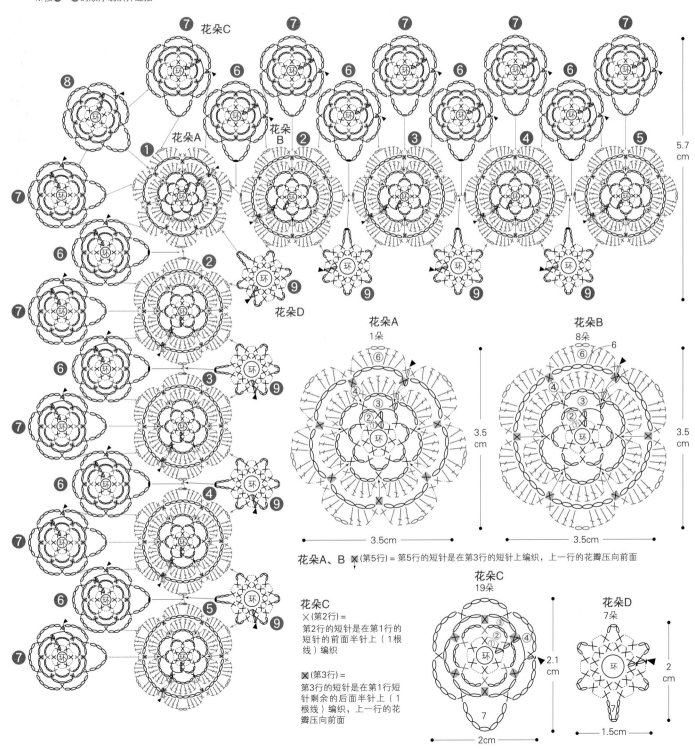

花朵A
1朵
3.5cm
3.5cm

花朵B
8朵
6
3.5cm
3.5cm

花朵A、B ☒（第5行）= 第5行的短针是在第3行的短针上编织，上一行的花瓣压向前面

花朵C
☒（第2行）=
第2行的短针是在第1行的短针的前面半针上（1根线）编织

☒（第3行）=
第3行的短针是在第1行短针剩余的后面半针上（1根线）编织，上一行的花瓣压向前面

花朵C
19朵
2.1cm
7
2cm

花朵D
7朵
2cm
7
1.5cm

Irish flower
爱尔兰花转角花边 II

做法：作品27/p.34　作品28/p.35　设计、制作：河合真弓

27

28

经过岁月洗礼的爱尔兰花，
装饰在哪儿都好看。

爱尔兰花转角花边 II

用丝带或链条连接的魅力转角花边，
就像一条项链一样。

* 使用作品 28

27 图片/p.32

线：DARUMA蕾丝线 蕾丝线30号 葵/原白色
（2）…4g
针：蕾丝针4号
成品尺寸：1边（内侧边长）约14cm

* 编织方法
1 编织主体。
2 编织花朵 B、叶子、环。
3 花朵 A 连接在主体、花朵 B、叶子上。
4 ——— 的部分劈线接合。

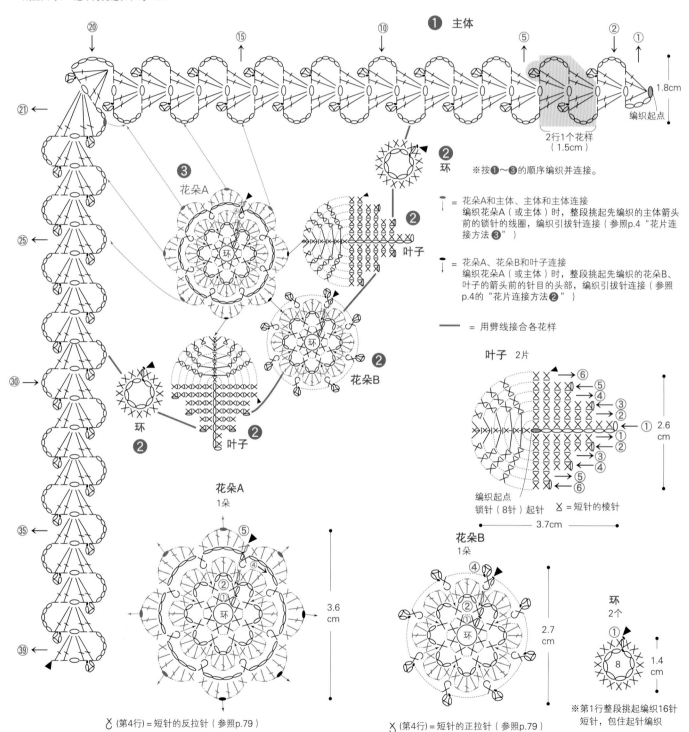

❶ 主体

※按❶～❸的顺序编织并连接。

2行1个花样
（1.5cm）

1.8cm
编织起点

↓ = 花朵A和主体、主体和主体连接
编织花朵A（或主体）时，整段挑起先编织的主体箭头前的锁针的线圈，编织引拔针连接（参照p.4"花片连接方法❸"）

↓ = 花朵A、花朵B和叶子连接
编织花朵A（或主体）时，整段挑起先编织的花朵B、叶子的箭头前的针目的头部，编织引拔针连接（参照p.4的"花片连接方法❷"）

——— = 用劈线接合各花样

❸ 花朵A

❷ 环

❷ 叶子

❷ 花朵B

叶子 2片
编织起点
锁针（8针）起针 ✕=短针的棱针
2.6cm
3.7cm

花朵A
1朵
3.6cm

✕（第4行）= 短针的反拉针（参照p.79）
※第4行看着反面编织，短针的反拉针（✕）替换成短针的正拉针（✕）编织
※第3行倒向后面，挑起第2行短针的根部编织

花朵B
1朵
2.7cm

✕（第4行）= 短针的正拉针（参照p.79）
※靠近前面编织，第3行倒向后面，挑起第2行短针的根部编织

环
2个
8
1.4cm

※第1行整段挑起编织16针短针，包住起针编织

28 图片/p.32

线：DARUMA蕾丝线 蕾丝线30号 葵/米色
（3）…4g
针：蕾丝针4号
成品尺寸：1边（内侧边长）约14cm

＊ 编织方法
1 编织2片叶子。
2 编织花朵并连接在叶子上。
3 编织主体，编织边缘编织时连接上花朵和叶子。

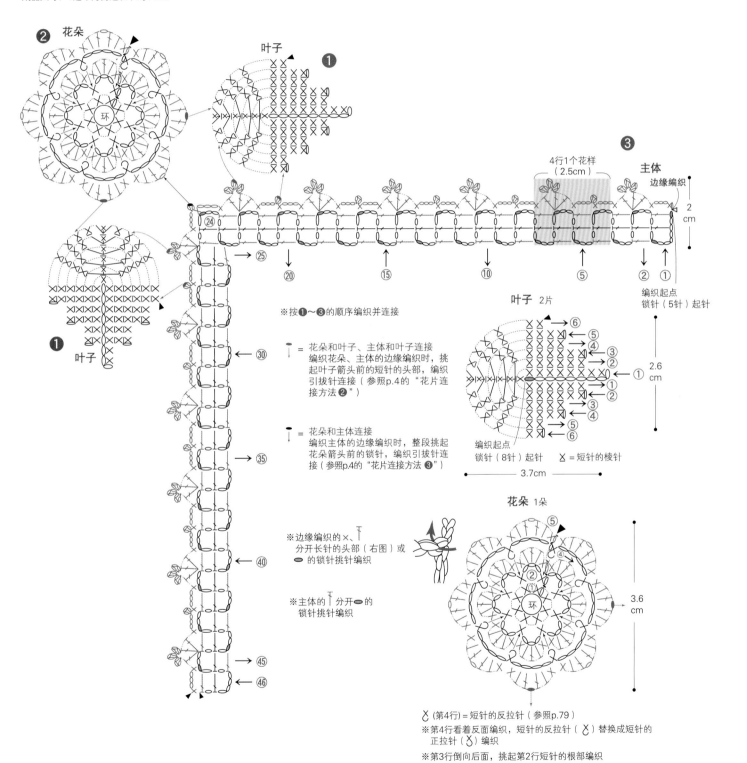

※按❶～❸的顺序编织并连接

↓ = 花朵和叶子、主体和叶子连接
编织花朵、主体的边缘编织时，挑
起叶子箭头前的短针的头部，编织
引拔针连接（参照p.4的"花片连
接方法❷"）

↓ = 花朵和主体连接
编织主体的边缘编织时，整段挑起
花朵箭头前的锁针，编织引拔针连
接（参照p.4的"花片连接方法❸"）

※边缘编织的×、↑
分开长针的头部（右图）或
● 的锁针挑针编织

※主体的↑分开●的
锁针挑针编织

花朵 1朵

3.6
cm

╳（第4行）= 短针的反拉针（参照p.79）
※第4行看着反面编织，短针的反拉针（╳）替换成短针的
正拉针（╳）编织
※第3行倒向后面，挑起第2行短针的根部编织

叶子 2片

2.6
cm

3.7cm

编织起点
锁针（8针）起针　　X = 短针的棱针

4行1个花样
（2.5cm）

主体
边缘编织

2
cm

编织起点
锁针（5针）起针

Leaf
叶子转角花边

做法：作品29、30/p.38　设计、制作：今村曜子

叶子形状的个性转角花边，
单片装饰也能变换出不同的风格。

29

30

Sharp flower
有棱角的花朵的转角花边

做法：作品31/p.39　作品32/p.74　*Point Lesson* 作品31/p.75
设计、制作：今村曜子

有棱角的花朵更显高雅、
成熟的魅力。

31

32

29 图片/p.36

线：奥林巴斯 Emmy Grande（Herbs）/绿色系
（273）…4g、米色系（732）…2g
针：蕾丝针2号
成品尺寸：1边（内侧边长）约13cm

30 图片/p.36

线：奥林巴斯 Emmy Grande/绿色系
（241）…4g、绿色系（238）…2g
针：蕾丝针2号
成品尺寸：1边（内侧边长）约14.5cm

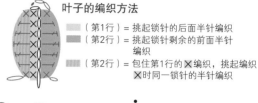

叶子的编织方法

（第1行）= 挑起锁针的后面半针编织
（第2行）= 挑起锁针剩余的前面半针编织
（第2行）= 包住第1行的✕编织，挑起编织✕时同一锁针的半针编织

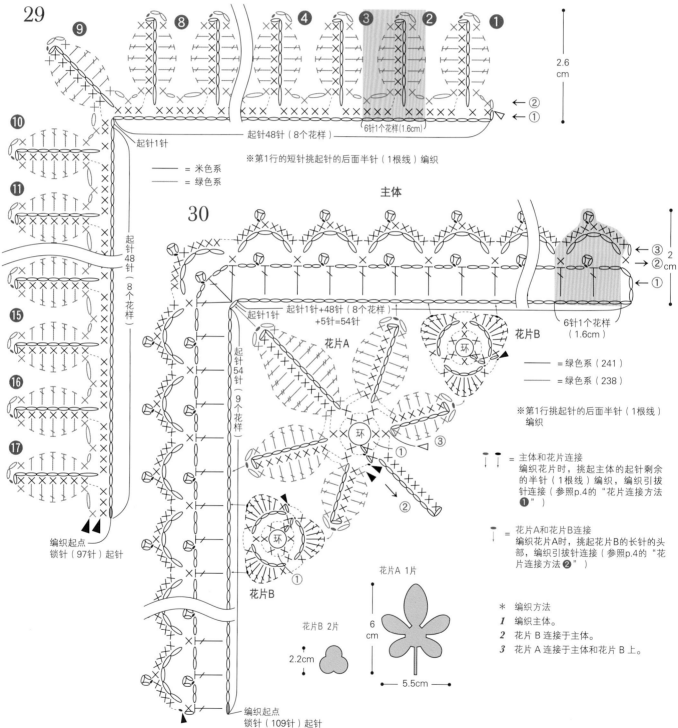

起针48针（8个花样）

6针1个花样（1.6cm）

2.6 cm

※第1行的短针挑起针的后面半针（1根线）编织

— = 米色系
— = 绿色系

主体

起针1针+48针（8个花样）+5针=54针

6针1个花样（1.6cm）

2 cm

花片A

花片B

环

— = 绿色系（241）
— = 绿色系（238）

※第1行挑起针的后面半针（1根线）编织

= 主体和花片连接
编织花片时，挑起主体的起针剩余的半针（1根线）编织，编织引拔针连接（参照p.4的"花片连接方法 ❶"）

= 花片A和花片B连接
编织花片A时，挑起花片B的长针的头部，编织引拔针连接（参照p.4的"花片连接方法 ❷"）

花片B

花片A 1片

花片B 2片

2.2cm

6 cm

5.5cm

* 编织方法
1 编织主体。
2 花片B连接于主体。
3 花片A连接于主体和花片B上。

起针1针

起针48针（8个花样）

编织起点
锁针（97针）起针

起针54针（9个花样）

编织起点
锁针（109针）起针

线：奥林巴斯 Emmy Grande（Colors）/原白色
（804）…4g　Emmy Grande（Herbs）/紫色
系（600）…2g、绿色系（273）…1g
针：蕾丝针2号
成品尺寸：1边（内侧边长）约14cm

＊ 编织方法
1 编织主体。
2 编织花朵并连接于主体上。
3 编织叶子并连接于花朵和主体上。

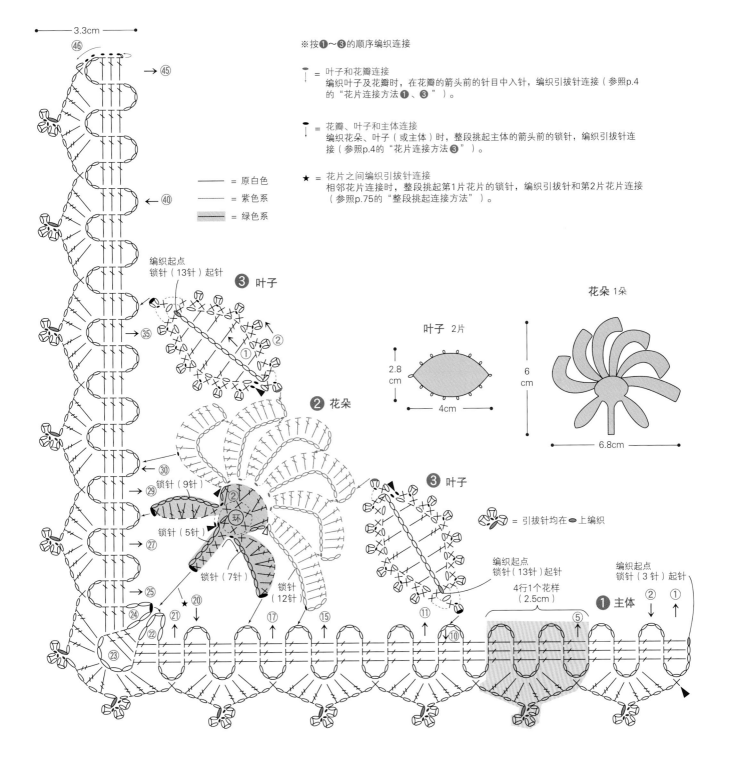

※按①～❸的顺序编织连接

= 叶子和花瓣连接
编织叶子及花瓣时，在花瓣的箭头前的针目中入针，编织引拔针连接（参照p.4
的"花片连接方法①、❸"）。

= 花瓣、叶子和主体连接
编织花朵、叶子（或主体）时，整段挑起主体的箭头前的锁针，编织引拔针连
接（参照p.4的"花片连接方法❸"）。

★ = 花片之间编织引拔针连接
相邻花片连接时，整段挑起第1片花片的锁针，编织引拔针和第2片花片连接
（参照p.75的"整段挑起连接方法"）。

= 原白色
= 紫色系
= 绿色系

③ 叶子
编织起点 锁针（13针）起针

② 花朵

③ 叶子

叶子 2片
2.8 cm
4cm

花朵 1朵
6 cm
6.8cm

= 引拔针均在 ● 上编织

锁针（9针）
锁针（5针）
锁针（7针）
锁针（12针）
环

编织起点 锁针（13针）起针
4行1个花样（2.5cm）

① 主体
编织起点 锁针（3针）起针

Part 3
simple pattern
简单花样转角花边

全部都是方便搭配的简单花样。

虽然简单，搭配出来的效果却千变万化。

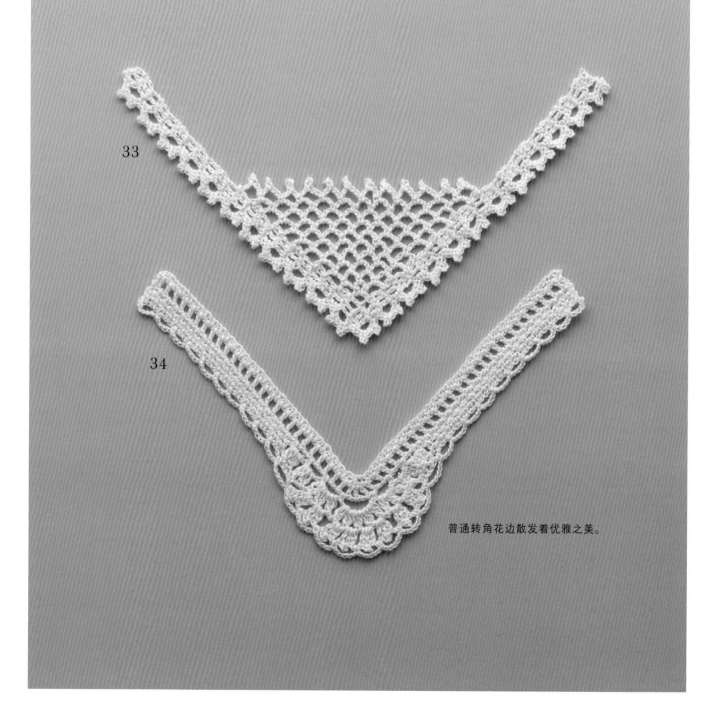

33

34

普通转角花边散发着优雅之美。

Casual

普通转角花边

做法：作品33、34/p.42　作品 35、36、37/p.43　*Point Lesson* 作品36、37/p.7　设计、制作：镰田惠美子

虽然是普通的转角花边，
但每一片都有独特的个性及美感。

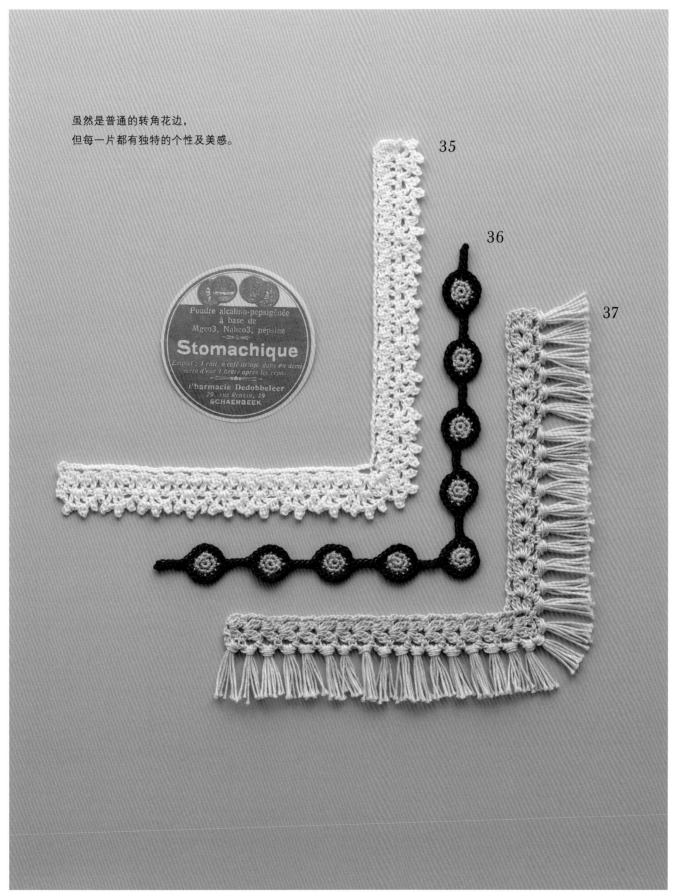

线：DMC Cebelia（10号）/原白色（3865）…3g
针：蕾丝针2号
成品尺寸：1边（内侧边长）约14cm

线：DMC Cebelia（10号）/原白色（3865）…4g
针：蕾丝针2号
成品尺寸：1边（内侧边长）约13cm

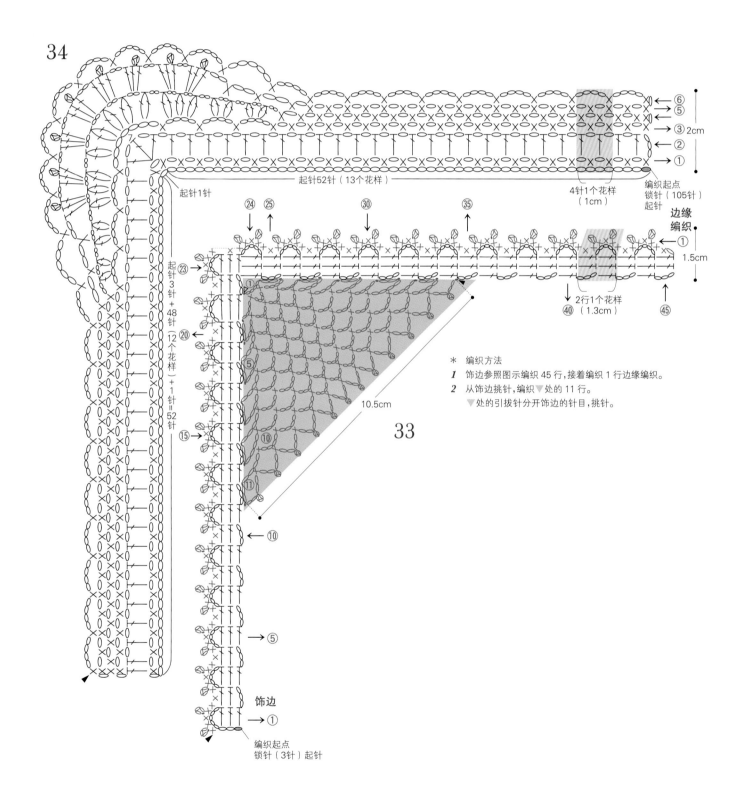

34

起针1针

起针52针（13个花样）

4针1个花样
（1cm）

编织起点
锁针（105针）
起针

起针3针
+48针
（12个花样）
+1针＝
52针

边缘
编织

2cm

1.5cm

2行1个花样
（1.3cm）

10.5cm

33

＊ 编织方法
1 饰边参照图示编织45行，接着编织1行边缘编织。
2 从饰边挑针，编织▼处的11行。
  ▼处的引拔针分开饰边的针目，挑针。

饰边

编织起点
锁针（3针）起针

35 图片/p.41

线：DMC Cebelia（10号）/原白色（3865）…3g
针：蕾丝针2号
成品尺寸：1边（内侧边长）约13.5cm

圆形花片
蓝色系（800）9片

连接锁针
（参照p.7）

②
①
环

36 图片/p.41、*Point Lesson*/p.7

线：DMC Cebelia（10号）/蓝色系（800）、
（823）…各1g
针：蕾丝针2号
成品尺寸：1边（内侧边长）约13cm

＊ 编织方片
1 编织圆形花片，花片编织终点的锁针连接起来（参照p.7）。
2 边缘编织连接于圆形花片。

37 图片/p.41、*Point Lesson*/p.7

线：DMC Cebelia（10号）/米色系（739）…4g
其他：3.5cm宽硬纸板…1片
针：蕾丝针2号
成品尺寸：1边（内侧边长）约12cm

—— = 蓝色系（823）
—— = 蓝色系（800）

边缘编织
边缘编织
编织起点

① 1.5cm
②

36

环

环

环

环

35

起针1针

起针2针+48针（8个花样）+3针=53针

6针1个花样
（约1.5cm）

③ ④ 2cm
②
①

※ ▨ 为连接锁针的针目

起针2针+48针（8个花样）+3针=53针

※挑起锁针的里
山引拔

编织起点
锁针（107针）起针

流苏 2.2cm
1.5cm

主体
2行1个花样
（约1.5cm）

⑱
⑮
⑳

编织起点
锁针（4针）
起针

37

⑤
⑩

●…流苏连接位置（35处）

※流苏按7cm 4根对折，缝于●处，
按2.2cm长裁剪整齐（参照p.7）

㉕

㉚

㉝

43

可装饰在靠垫上，
用于方形物的装饰也是很好的尝试。

* 作品 39 使用 Olympus Emmy Grande（241）编织

44

Fan-shaped

扇形花样的转角花边

做法：作品38、39/p.46　作品40、41/p.47　作品42/p.75　设计、制作：芹泽圭子

相同的扇形花样也能表现出不同风格的转角花边。
根据用途，可调整宽度及颜色。

38

39

40

41

42

38 图片/p.45

线: 奥林巴斯 Emmy Grande/绿色系
（241）…5g
针: 蕾丝针0号
成品尺寸: 1边（内侧边长）约13cm

39 图片/p.45

线: 奥林巴斯 Emmy Grande/黄色系
（520）…4g
针: 蕾丝针0号
成品尺寸: 1边（内侧边长）约13.5cm

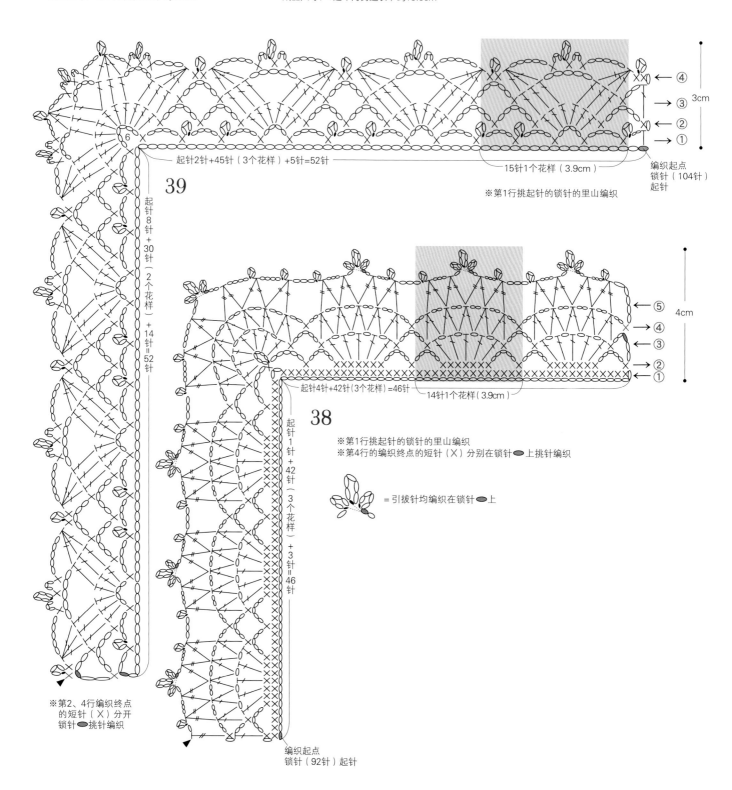

39

起针8针+30针（2个花样）+14针=52针

起针2针+45针（3个花样）+5针=52针

15针1个花样（3.9cm）

编织起点
锁针（104针）
起针

3cm

④
③
②
①

※第1行挑起针的锁针的里山编织

38

起针1针+42针（3个花样）+3针=46针

起针4针+42针（3个花样）=46针

14针1个花样（3.9cm）

⑤
④
③
②
①

4cm

※第1行挑起针的锁针的里山编织
※第4行的编织终点的短针（X）分别在锁针●上挑针编织

= 引拔针均编织在锁针●上

※第2、4行编织终点
的短针（X）分开
锁针●挑针编织

编织起点
锁针（92针）起针

46

40 图片/p.45

线：奥林巴斯 Emmy Grande/绿色系
（241）…3g
针：蕾丝针0号
成品尺寸：1边（内侧边长）约13.5cm

41 图片/p.45

线：奥林巴斯 Emmy Grande（Colors）/原白色
（804）…5g
针：蕾丝针0号
成品尺寸：1边（内侧边长）约13.5cm

※第2行的编织终点的长针（下）和第3、5行的
编织终点的短针（╳）在第1、2、4行的锁针
●上挑针编织

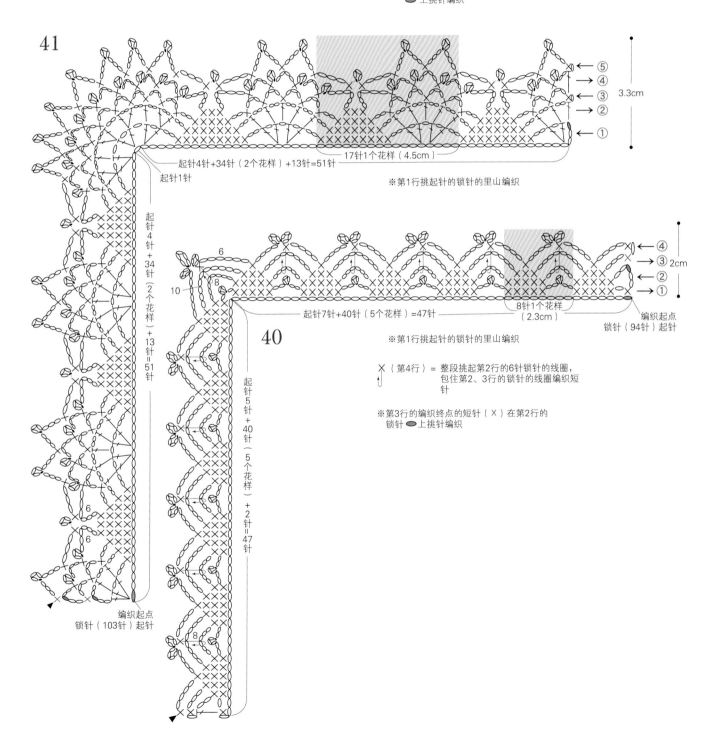

41

起针4针+34针（2个花样）+13针=51针

起针1针

17针1个花样（4.5cm）

3.3cm
⑤④③②①

※第1行挑起针的锁针的里山编织

起针4针+34针（2个花样）+13针=51针

起针5针+40针（5个花样）+2针=47针

6
10 8
6
6

8

编织起点
锁针（103针）起针

40

起针7针+40针（5个花样）=47针

8针1个花样
（2.3cm）

2cm
④③②①

编织起点
锁针（94针）起针

※第1行挑起针的锁针的里山编织

╳（第4行）= 整段挑起第2行的6针锁针的线圈，
包住第2、3行的锁针的线圈编织短
针

※第3行的编织终点的短针（╳）在第2行的
锁针●上挑针编织

细转角花边和粗转角花边

做法：作品43、44、45/p.50　作品46、47/p.51　设计、制作：草本美树

粗细不同的转角花边，用途多多。
只需根据使用方式搭配即可。

细转角花边最适合作为手帕的装饰。

* 使用作品 45

43 图片/p.48

线：DMC Cebelia（10号）/原白色（712）…2g
针：蕾丝针2号
成品尺寸：1边（内侧边长）约14cm

44 图片/p.48

线：DMC Cebelia（10号）/原白色（712）…1g
针：蕾丝针2号
成品尺寸：1边（内侧边长）约13cm

45 图片/p.48

线：DMC Babylo（10号）/白色（BLANC）…2g
针：蕾丝针2号
成品尺寸：1边（内侧边长）约12.5cm

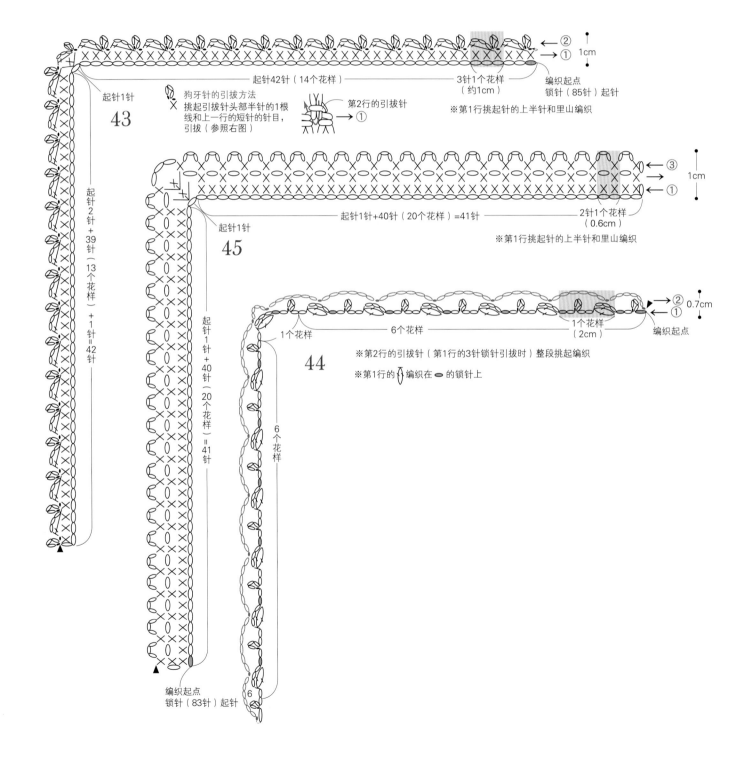

43

起针1针

起针42针（14个花样）

3针1个花样（约1cm）

编织起点
锁针（85针）起针

1cm

← ②
→ ①

狗牙针的引拔方法
X 挑起引拔针头部半针的1根线和上一行的短针的针目，引拔（参照右图）

第2行的引拔针 → ①

※第1行挑起针的上半针和里山编织

起针2针+39针（13个花样）+1针=42针

45

起针1针

起针1针+40针（20个花样）=41针

2针1个花样（0.6cm）

1cm

← ③
→ ②
← ①

※第1行挑起针的上半针和里山编织

起针1针+40针（20个花样）=41针

44

1个花样

6个花样

1个花样（2cm）

编织起点

0.7cm

← ②
→ ①

※第2行的引拔针（第1行的3针锁针引拔时）整段挑起编织

※第1行的 编织在 的锁针上

6个花样

编织起点
锁针（83针）起针

6

50

46 图片/p.48

线：DMC Babylo（10号）/原白色（448）…3g
针：蕾丝针2号
成品尺寸：1边（内侧边长）约12.5cm

47 图片/p.48

线：DMC Babylo（10号）/米色系（842）…5g
针：蕾丝针2号
成品尺寸：1边（内侧边长）约12cm

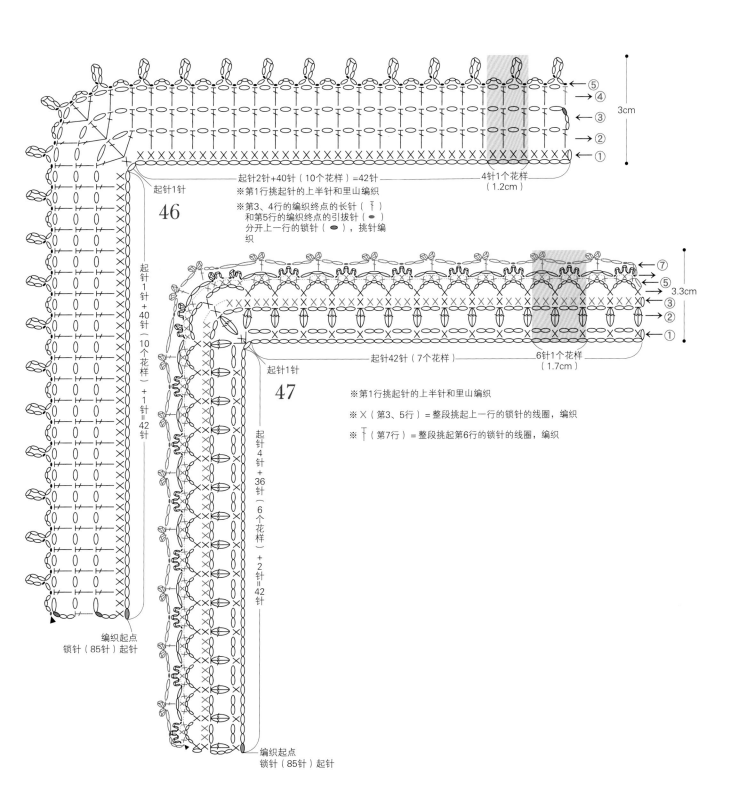

起针2针+40针（10个花样）=42针
※第1行挑起针的上半针和里山编织

※第3、4行的编织终点的长针（ⵜ）
和第5行的编织终点的引拔针（●）
分开上一行的锁针（●），挑针编织

4针1个花样
（1.2cm）

3cm

起针1针

46

起针1针+40针（10个花样）+1针=42针

起针42针（7个花样）

6针1个花样
（1.7cm）

3.3cm

起针1针

47

※第1行挑起针的上半针和里山编织

※×（第3、5行）=整段挑起上一行的锁针的线圈，编织

※ⵜ（第7行）=整段挑起第6行的锁针的线圈，编织

起针4针+36针（6个花样）+2针=42针

编织起点
锁针（85针）起针

编织起点
锁针（85针）起针

简洁的 V 领背心，
搭配华丽的三角形转角花边。

＊ 使用作品50

Look solid
立体转角花边

做法：作品48、49/p.54　作品50、51/p.55　*Point Lesson* 作品50/p.7　设计、制作：今村曜子

如同浮雕的立体花边令织片魅力十足。
很有质感的织片，最适合成熟优雅的女性使用。

48

49

50

51

48 图片/p.53

线：DMC Babylo（10号）/原白色（448）…4g
针：蕾丝针2号
成品尺寸：1边（内侧边长）约12cm

49 图片/p.53

线：DMC Cebelia（10号）/原白色（712）…7g
针：蕾丝针2号
成品尺寸：1边（内侧边长）约13.5cm

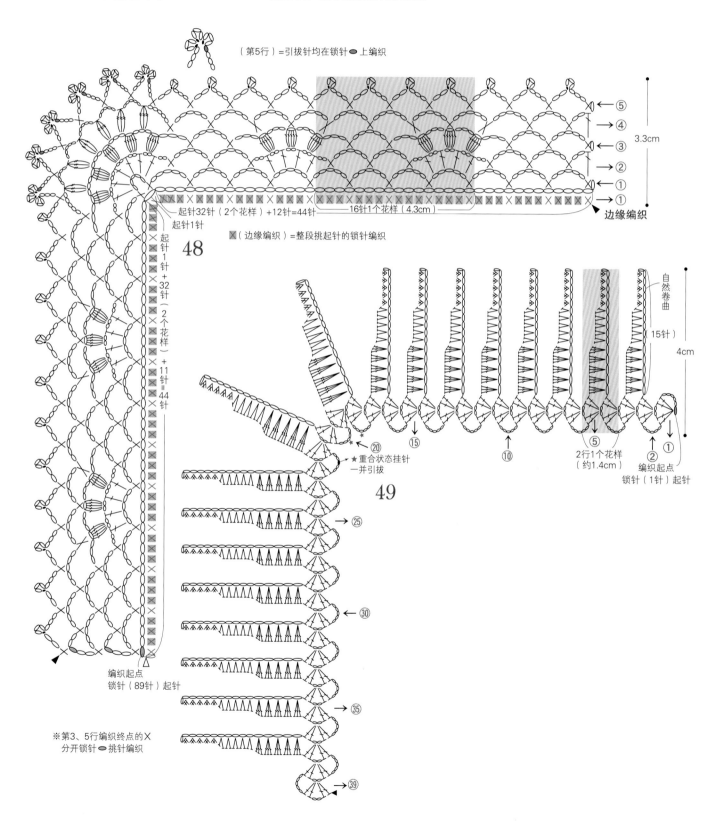

（第5行）=引拔针均在锁针 ⬭ 上编织

3.3cm

起针32针（2个花样）+12针=44针
起针1针

起针1针+32针（2个花样）+11针=44针

16针1个花样（4.3cm）

▶ 边缘编织

🔲（边缘编织）=整段挑起针的锁针编织

48

编织起点
锁针（89针）起针

※第3、5行编织终点的X
分开锁针 ⬭ 挑针编织

自然卷曲

（15针）

4cm

★重合状态挂针
一并引拔

2行1个花样
（约1.4cm）

编织起点
锁针（1针）起针

49

50 图片/p.53、*Point Lesson*/p.7

线：DMC Babylo（10号）/白色（BLANC）…6g
针：蕾丝针2号
成品尺寸：1边（内侧边长）约13.5cm

51 图片/p.53

线：DMC Cebelia（10号）/原白色（712）…5g
针：蕾丝针2号
成品尺寸：1边（内侧边长）约11cm

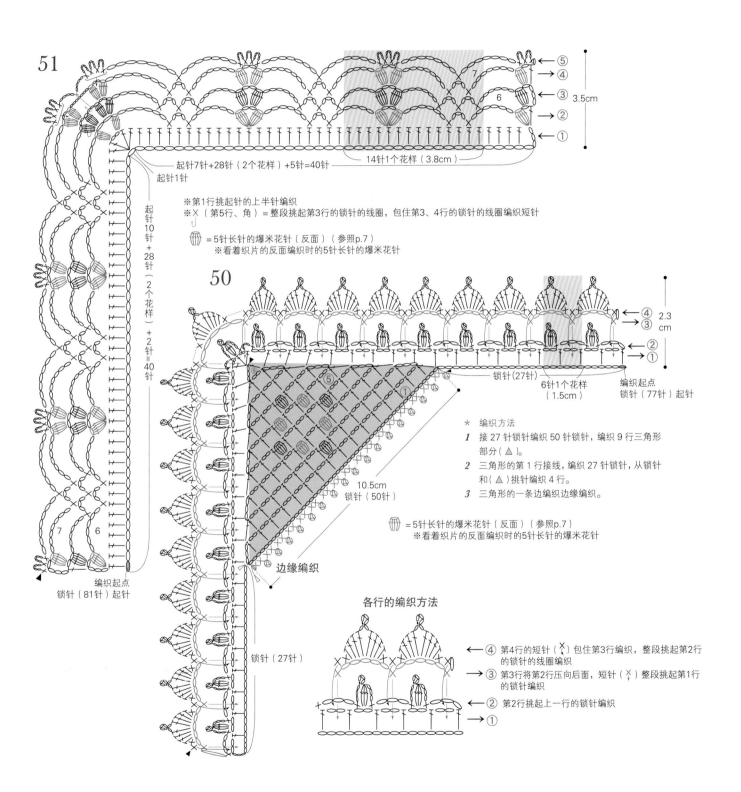

51

起针7针+28针（2个花样）+5针=40针
起针1针

起针10针+28针（2个花样）+2针=40针

14针1个花样（3.8cm）

3.5cm

※第1行挑起针的上半针编织
※✕（第5行、角）=整段挑起第3行的锁针的线圈，包住第3、4行的锁针的线圈编织短针

= 5针长针的爆米花针（反面）（参照p.7）
※看着织片的反面编织时的5针长针的爆米花针

50

2.3cm

锁针（27针）

6针1个花样（1.5cm）

编织起点
锁针（77针）起针

10.5cm
锁针（50针）

边缘编织

编织起点
锁针（81针）起针

锁针（27针）

锁针（27针）

* 编织方法
1　接27针锁针编织50针锁针，编织9行三角形部分（△）。
2　三角形的第1行接线，编织27针锁针，从锁针和（△）挑针编织4行。
3　三角形的一条边编织边缘编织。

= 5针长针的爆米花针（反面）（参照p.7）
※看着织片的反面编织时的5针长针的爆米花针

各行的编织方法

④ 第4行的短针（✕）包住第3行编织，整段挑起第2行的锁针的线圈编织
③ 第3行将第2行压向后面，短针（✕）整段挑起第1行的锁针编织
② 第2行挑起上一行的锁针编织
①

Part 4
gorgeous pattern
华丽花样转角花边

这是华美的、令人怦然心动的花样。
让我们一起感受精心编织的花样之美。

华丽且具有质感的三角形转角花边，
也可作为手袋的点缀。

* 使用作品 52

Pattern stitch

编织花样的三角形转角花边

做法：作品52/p.58　作品53/p.59　设计、制作：松本薰

蝴蝶和心形的优美编织花样，
满满的少女心。

52

53

52 图片/p.57

线：DARUMA蕾丝线 蕾丝线30号 葵/原白色
（2）…5g
针：蕾丝针2号
成品尺寸：1边（内侧边长）约15.5cm

* 编织方法
1 钩32针锁针起针，编织蝴蝶花片的上半部分。
  起针侧接新线，编织剩余的下半部分。
2 蝴蝶花片上编织1行边缘编织。
3 饰边的第1行钩21针锁针起针，在蝴蝶花片
  的两边编织1行短针，钩21针锁针起针。第
  2行做编织花样。

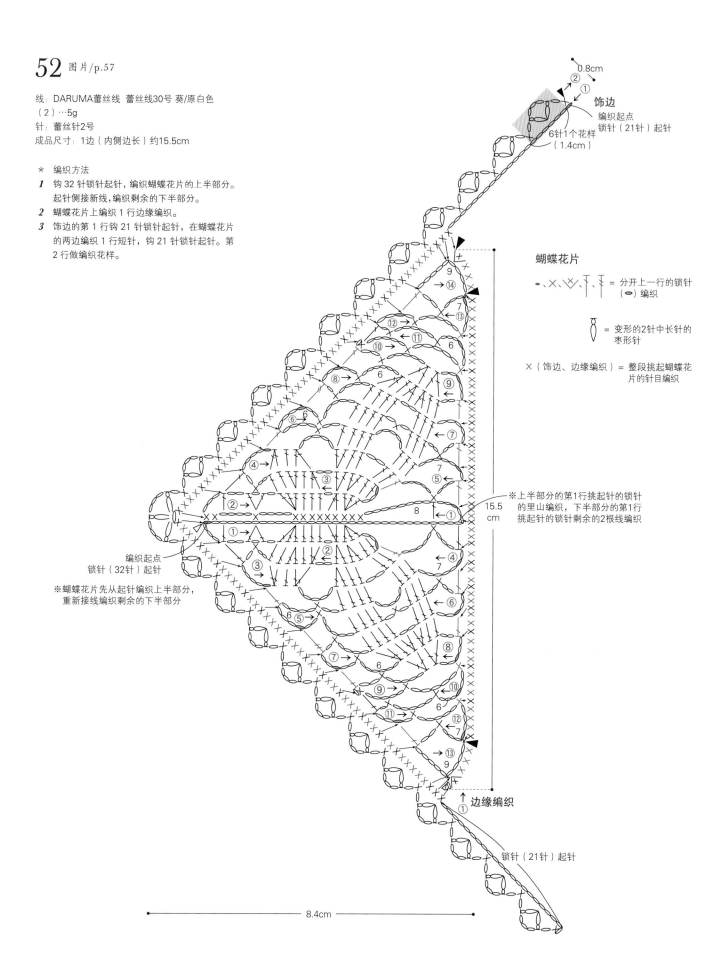

0.8cm

饰边
编织起点
锁针（21针）起针

6针1个花样
（1.4cm）

蝴蝶花片

－、×、丷、下、キ ＝ 分开上一行的锁针
（－）编织

＝ 变形的2针中长针的
枣形针

× （饰边、边缘编织）＝ 整段挑起蝴蝶花
片的针目编织

※上半部分的第1行挑起针的锁针
的里山编织，下半部分的第1行
挑起针的锁针剩余的2根线编织

15.5
cm

编织起点
锁针（32针）起针

※蝴蝶花片先从起针编织上半部分，
重新接线编织剩余的下半部分

①边缘编织

锁针（21针）起针

8.4cm

53 图片/p.57

线：DARUMA蕾丝线 蕾丝线30号 葵/原白色
（2）…6g
针：蕾丝针2号
成品尺寸：1边（内侧边长）约15cm

* 编织方法
1 钩55针锁针起针,编织三角形花片。
三角形花片的一条边接新线,编织2行边缘
编织,接着钩23针锁针起针（b）。
2 三角形花片的边缘编织的右边接线,钩23针
锁针起针（a）。
3 接步骤 1,编织饰边。从起针（b）、三角形
花片和起针（a）挑针,编织饰边的第1行。接
着编织至第4行。
4 荷叶边接合于三角形花片上。

荷叶边的编织方法

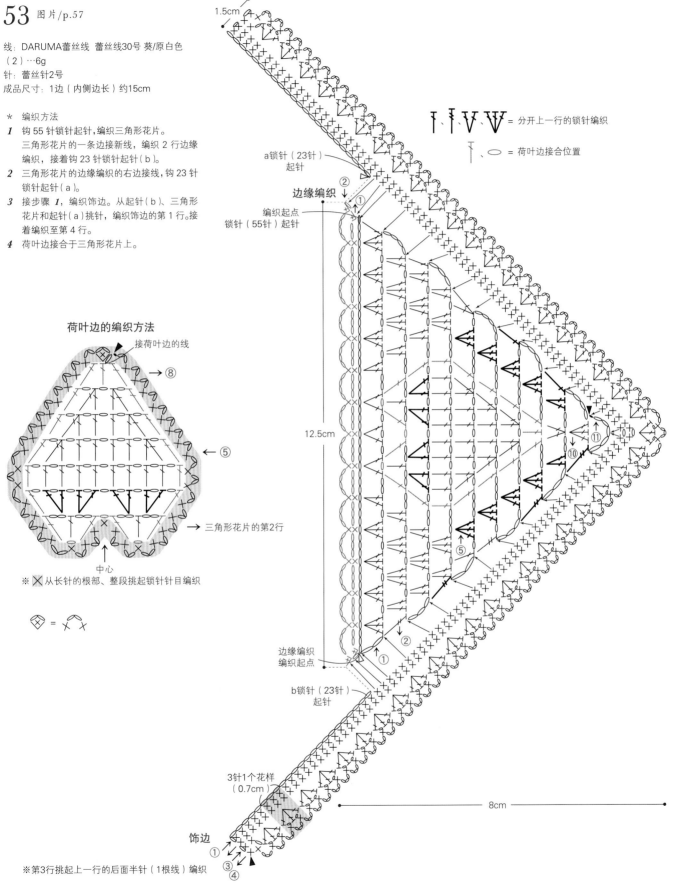

接荷叶边的线

→⑧

→⑤

→三角形花片的第2行

中心

※✕从长针的根部、整段挑起锁针针目编织

◇ = ⌒✕

1.5cm

a锁针（23针）
起针

边缘编织

编织起点
锁针（55针）起针

↓↑↓↓ = 分开上一行的锁针编织

─ = 荷叶边接合位置

12.5cm

边缘编织
编织起点

b锁针（23针）
起针

3针1个花样
（0.7cm）

8cm

饰边

※第3行挑起上一行的后面半针（1根线）编织

Bead

编入串珠的转角花边

做法：作品54、55/p.62　作品56、57/p.63　*Basic Lesson* 作品54、55、56、57/p.5
设计：冈真理子　制作：水野 顺

高档质感的闪亮珍珠，就像皇冠一样耀眼。
戴在身上作为装饰，更显女人味。

54

55

56

57

装饰在衬衣的领子边缘,
成就你独一无二的风格。

＊ 使用作品 57

54 图片/p.60、*Basic Lesson*/p.5

线：DARUMA蕾丝线 蕾丝线30号 葵/原白色
（2）…2g
其他：圆形珍珠（直径3mm）/白色（200）…108颗
Takumi LH 圆形串珠/极光白色（777）…169颗
串珠针（6-13-6）…1根（或珠针1根）
细棉线…少量
针：蕾丝针4号
成品尺寸：1边（内侧边长）约12cm

55 图片/p.60、*Basic Lesson*/p.5

线：DARUMA蕾丝线 蕾丝线30号 葵/原白色
（2）…2g
其他：圆形珍珠（直径3mm）/黄色（201）…40颗
串珠针（6-13-6）…1根（或珠针…1个）
细棉线…少量
针：蕾丝针2号
成品尺寸：1边（内侧边长）约12cm

* 作品55的编织方法
1 开始编织前，使用串珠针或珠针，将40颗（5颗 × 花样数量）圆形珍珠穿入编织线（参照p.5）。
2 第1行编入圆形珍珠，并编织第2行（参照p.5）。接线于起针的另一侧，编织1行引拔针。
3 完成的织片的反面作为正面使用（圆形珍珠从反面露出来）。

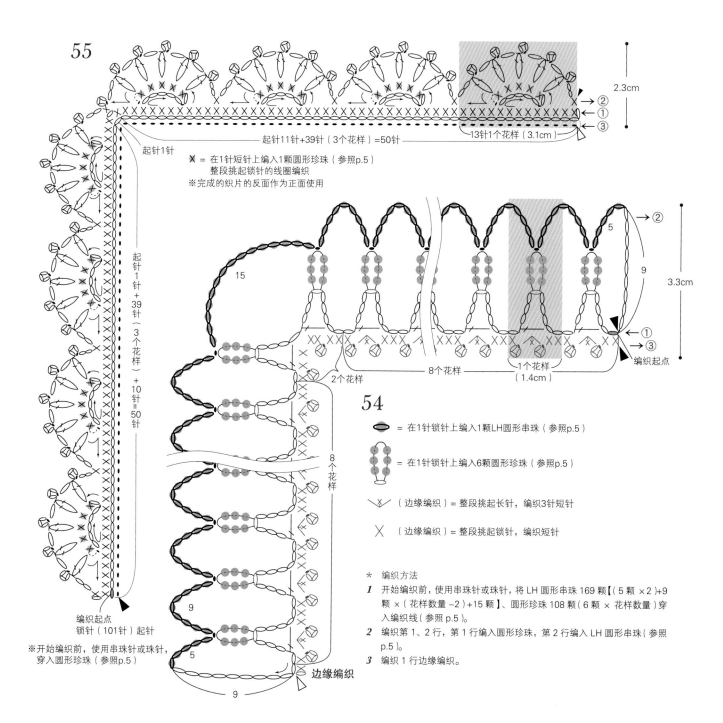

55

2.3cm

起针11针+39针（3个花样）=50针

起针1针

13针1个花样（3.1cm）

X = 在1针短针上编入1颗圆形珍珠（参照p.5）
整段挑起锁针的线圈编织
※完成的织片的反面作为正面使用

起针1针+39针（3个花样）+10针=50针

3.3cm

9

8个花样

1个花样（1.4cm）

编织起点

2个花样

8个花样

54

= 在1针锁针上编入1颗LH圆形串珠（参照p.5）

= 在1针锁针上编入6颗圆形珍珠（参照p.5）

（边缘编织）=整段挑起长针，编织3针短针

（边缘编织）=整段挑起锁针，编织短针

* 编织方法
1 开始编织前，使用串珠针或珠针，将 LH 圆形串珠 169 颗【（5颗 ×2）+9颗 ×（花样数量 −2）+15颗】、圆形珍珠 108 颗（6颗 × 花样数量）穿入编织线（参照p.5）。
2 编织第 1、2 行，第 1 行编入圆形珍珠，第 2 行编入 LH 圆形串珠（参照p.5）。
3 编织 1 行边缘编织。

15

9

5

9

编织起点
锁针（101针）起针

※开始编织前，使用串珠针或珠针，穿入圆形珍珠（参照p.5）

边缘编织

56 图片/p.60、*Basic Lesson*/p.5

线：DARUMA蕾丝线 长绒棉古典/原白色
（2）…3g
其他：大圆珠/浅蓝色镀银（23）…70颗
串珠针（6-13-6）…1根（或珠针…1根）
细棉线…少量
针：蕾丝针2号
成品尺寸：1边（内侧边长）约14cm

57 图片/p.60、*Basic Lesson*/p.5

线：DARUMA蕾丝线 蕾丝线30号 葵/黑色
（14）…3g
其他：Takumi LH 圆形串珠/金色
（994）…112颗 大圆珠/灰金色（221）…34颗
串珠针（6-13-6）…1根（或珠针…1根）
细棉线…少量
针：蕾丝针4号
成品尺寸：1边（内侧边长）约12.5cm

* 作品56的编织方法
1 开始编织前，使用串珠针或珠针，将70颗（5
颗×花样数量）大圆珠穿入编织线（参照p.5）。
2 编入大圆珠，编织第1行（参照p.5），接着编
织第2行。

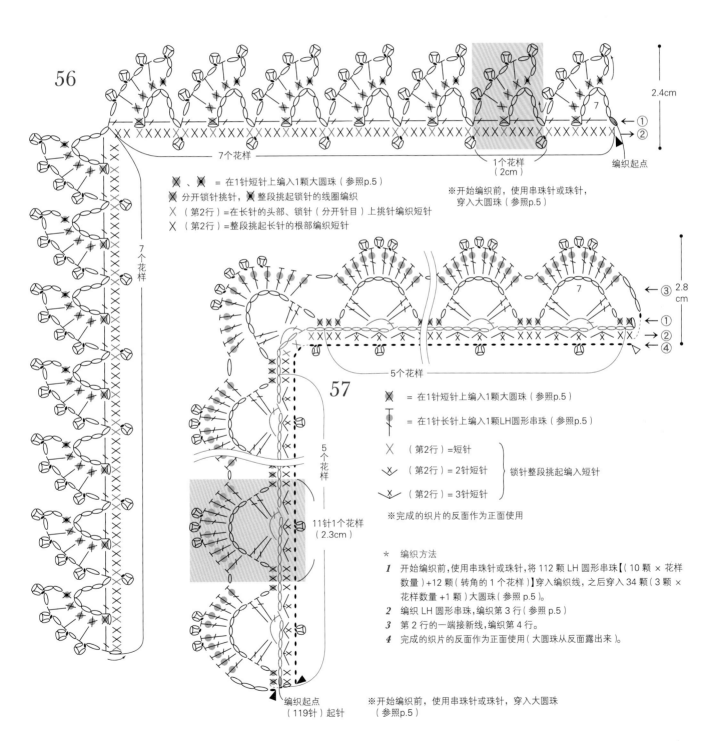

56

7个花样

7个花样

2.4cm

①
②

1个花样
（2cm）

编织起点

※开始编织前，使用串珠针或珠针，
穿入大圆珠（参照p.5）

⊠ 、⊠ = 在1针短针上编入1颗大圆珠（参照p.5）
⊠ 分开锁针挑针，⊠整段挑起锁针的线圈编织
✕（第2行）=在长针的头部、锁针（分开针目）上挑针编织短针
✕（第2行）=整段挑起长针的根部编织短针

57

5个花样

5个花样

11针1个花样
（2.3cm）

2.8cm

③
①
②
④

⊠ = 在1针短针上编入1颗大圆珠（参照p.5）
▮ = 在1针长针上编入1颗LH圆形串珠（参照p.5）
✕（第2行）=短针
╲╱（第2行）= 2针短针 } 锁针整段挑起编入短针
✕（第2行）= 3针短针

※完成的织片的反面作为正面使用

* 编织方法
1 开始编织前，使用串珠针或珠针，将112颗LH 圆形串珠【（10 颗 × 花样
数量）+12 颗（转角的1个花样）】穿入编织线，之后穿入34 颗（3颗×
花样数量+1颗）大圆珠（参照p.5）。
2 编织LH 圆形串珠，编织第3 行（参照p.5）。
3 第2 行的一端接新线，编织第4 行。
4 完成的织片的反面作为正面使用（大圆珠从反面露出来）。

编织起点
（119针）起针

※开始编织前，使用串珠针或珠针，穿入大圆珠
（参照p.5）

简单的镂空罩布，搭配浪漫
淡雅的粉色花朵饰边，也使
你的生活更精致。

★ 使用作品 59

Motif
花片连接的三角形转角花边

做法：作品58/p.66 作品59/p.67 设计、制作：河合真弓

多种颜色搭配而成的鲜艳花片连接的三角形转角花边。
选择自己喜欢的颜色，体验配色的乐趣。

58

59

58 图片/p.65

线：奥林巴斯 Emmy Grande（Herbs）/绿色系（252）…2g、蓝色系（341）…1g、
白色（800）…0.5g
针：蕾丝针0号
成品尺寸：1边（内侧边长）约15cm

* 编织方法
1 编织 6 片花片，按序号连接。
2 编织饰边的第 1 行。首先，钩 30 针锁针起针，接着从步骤 1 连接的花片挑针，连接花片，并编织 30 针锁针。
3 编织饰边的第 2、3 行。

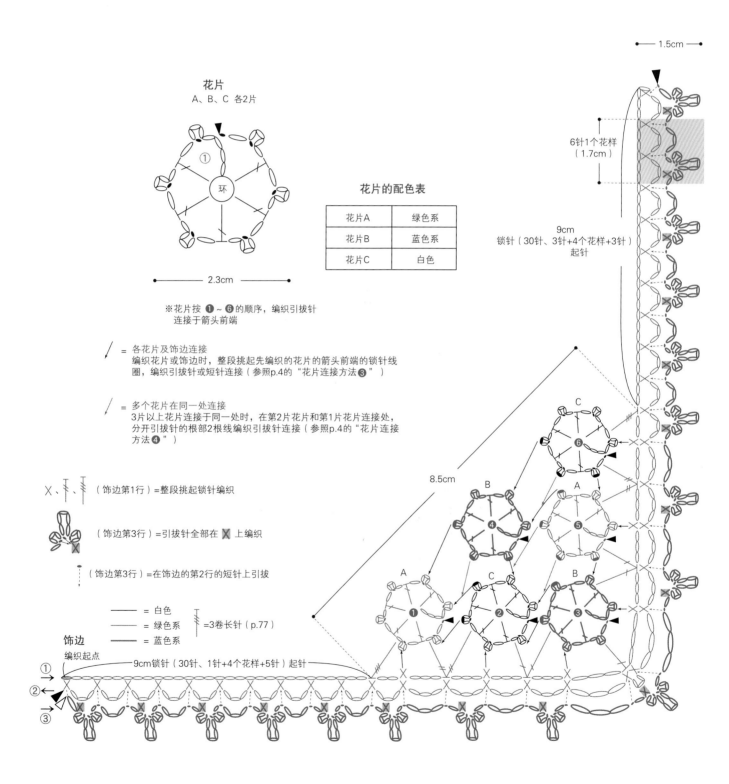

花片
A、B、C 各2片

① 环

2.3cm

花片的配色表

花片A	绿色系
花片B	蓝色系
花片C	白色

※花片按 ❶～❻ 的顺序，编织引拔针
连接于箭头前端

／ = 各花片及饰边连接
编织花片或饰边时，整段挑起先编织的花片的箭头前端的锁针线圈，编织引拔针或短针连接（参照p.4的"花片连接方法❸"）

／ = 多个花片在同一处连接
3 片以上花片连接于同一处时，在第2片花片和第1片花片连接处，分开引拔针的根部2根线编织引拔针连接（参照p.4的"花片连接方法❹"）

✕、⊤、⊤（饰边第1行）=整段挑起锁针编织

（饰边第3行）=引拔针全部在 ✕ 上编织

（饰边第3行）=在饰边的第2行的短针上引拔

—— = 白色
—— = 绿色系   =3卷长针（p.77）
—— = 蓝色系

饰边
编织起点
①
②
③
9cm锁针（30针、1针+4个花样+5针）起针

1.5cm

6针1个花样
（1.7cm）

9cm
锁针（30针、3针+4个花样+3针）
起针

8.5cm

66

59 图片/p.65

线：奥林巴斯 Emmy Grande（Herbs）/米色系（732）、粉色系（118）…各3g、
粉色系（141）…1g
针：蕾丝针0号
成品尺寸：1边（内侧边长）约15cm

★ 编织方法
1 编织 6 片花片，按序号连接。
2 连接花片之间（3 处）用米色系填充。
3 编织饰边的第 1 行。首先，钩 27 针锁针起针，接着从步骤 1 连接的花片挑针，连接花片，并编织 27 针锁针。
4 替换每行线的颜色，编织饰边的第 2~4 行。

花片

A 4片　B 2片

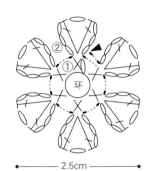

— 2.5cm —

/ = 各花片及饰边连接
编织花片或饰边时，整段挑起先编织的花片的箭头前端的锁针线圈，编织引拔针或短针连接（参照p.4的"花片连接方法❸"）

花片的连接方法
①花片按 ❶~❻ 的顺序，编织引拔针连接于箭头前端。
②用锁针和引拔针连接花片（3 处）。

花片的配色表

花片A	第2行	粉色系（118）
	第1行	米色系
花片B	第2行	粉色系（141）
	第1行	米色系

各花片之间的连接方法

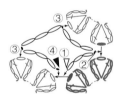

①编织最初的针目（参照p.76"起针的方法"），先抽出针，在第2片花片和第1片花片连接处，分开引拔针的根部2根线入针，拉出松开的针目，接线。
②在连接各花片的位置编织引拔针时，在第2片和第1片花片连接处，分开引拔针的根部2根线入针。
③整段挑起花片的锁针编织引拔针（参照p.4的"花片连接方法❸"）。
④编织终点在与步骤①相同位置入针，引拔后断线，处理编织起点和编织终点的线头。

（饰边第1行）= 在连接各花片的位置编织长针时，在第2片和第1片花片连接处，分开引拔针的根部2根线入针（参照p.4的"花片连接方法❹"）

╳、╳（饰边第1、2行）=整段挑起锁针编织

—— =米色系
—— = 粉色系（141）
—— = 粉色系（118）

饰边

编织起点
┌ 8cm 27针锁针（5针+3个花样+4针）起针 ┐

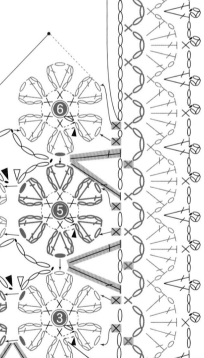

— 2cm —

6针1个花样
（1.8cm）

8cm
27针锁针（4针+3个花样+5针）起针

约9cm

A

B

Lamé
闪亮的金属线转角花边

做法：作品60、61/p.70　作品62、63/p.71　设计、制作：远藤弘美

使用闪亮的金属线编织而成的转角花边。
它在不同的光线下，会显示出不同的颜色。

60

61

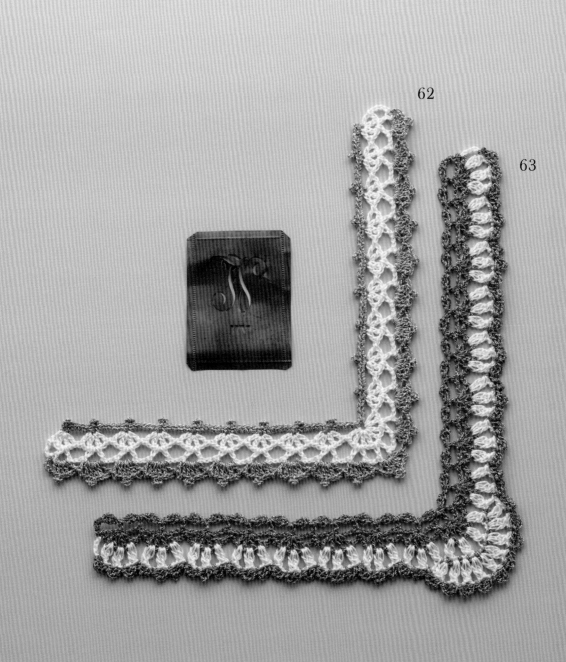

62

63

恰到好处的亮度。

60 图片/p.68

线：DARUMA蕾丝线 金属蕾丝线30号/金属银色
（2）…2g
针：蕾丝针2号
成品尺寸：1边（内侧边长）约13.5cm

61 图片/p.68

线：DARUMA蕾丝线 金属蕾丝线30号/金属白色（2）…2g
蕾丝线30号 葵/紫色（18）…1g
针：蕾丝针2号
成品尺寸：1边（内侧边长）约13cm

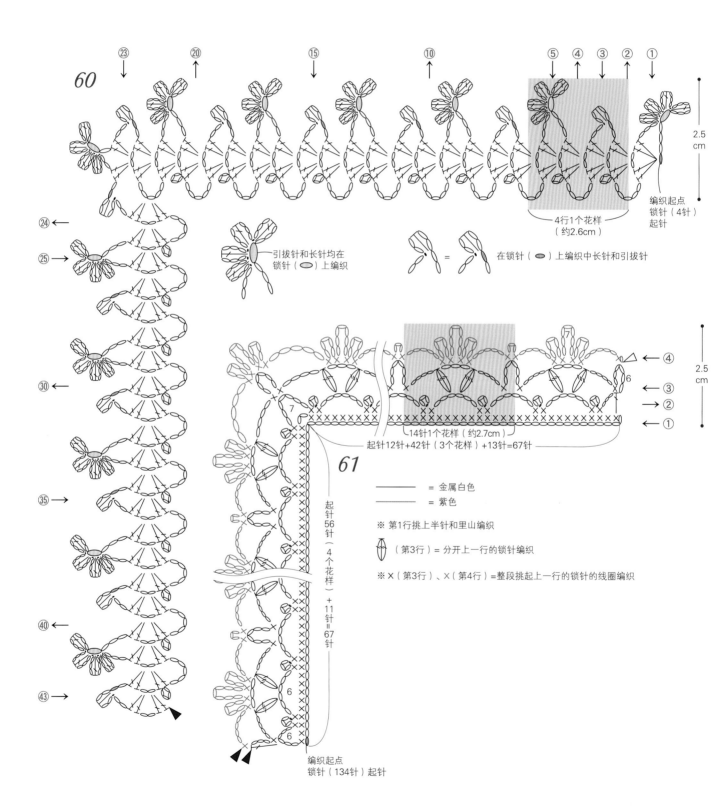

60

編织起点
锁针（4针）
起针

4行1个花样
（约2.6cm）

引拔针和长针均在
锁针（ ●）上编织

= 在锁针（ ●）上编织中长针和引拔针

2.5
cm

61

14针1个花样（约2.7cm）

起针12针+42针（3个花样）+13针=67针

起针56针（4个花样）+11针=67针

━━━ = 金属白色

━━━ = 紫色

※ 第1行挑上半针和里山编织

（第3行）= 分开上一行的锁针编织

※×（第3行）、×（第4行）=整段挑起上一行的锁针的线圈编织

编织起点
锁针（134针）起针

62 图片/p.69

线：DARUMA蕾丝线 金属蕾丝线30号/金属灰色
（2）…2g
蕾丝线30号 葵/白色（15）…1g
针：蕾丝针2号
成品尺寸：1边（内侧边长）约12.5cm

63 图片/p.69

线：DARUMA蕾丝线 金属蕾丝线30号/金属棕色
（2）…3g
蕾丝线30号 葵/白色（15）…1g
针：蕾丝针2号
成品尺寸：1边（内侧边长）约14.5cm

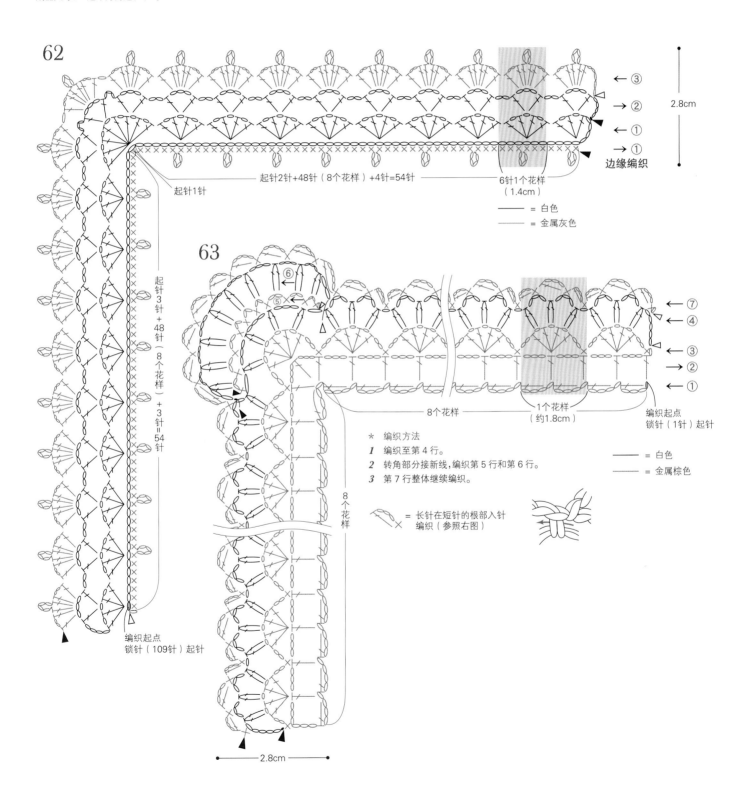

62

2.8cm

←③
→②
←①
→①
边缘编织

起针2针+48针（8个花样）+4针=54针

起针1针

6针1个花样
（1.4cm）

▬ = 白色
▬ = 金属灰色

起针3针+48针（8个花样）+3针=54针

编织起点
锁针（109针）起针

63

←⑦
←④
←③
→②
←①

8个花样

1个花样
（约1.8cm）

编织起点
锁针（1针）起针

8个花样

＊ 编织方法
1 编织至第4行。
2 转角部分接新线,编织第5行和第6行。
3 第7行整体继续编织。

= 长针在短针的根部入针
编织（参照右图）

▬ = 白色
▬ = 金属棕色

2.8cm

Material Guide

本书使用的线
※ 图片为实物大小

奥林巴斯

1 Emmy Grande
棉 100% 50g/团 约 218m 47 色
蕾丝针 0 号、钩针 2/0 号
100g/团…约 436m 3 色

2 Emmy Grande（Herbs）
棉 100% 20g/团 约 88m 18 色
蕾丝针 0 号、钩针 2/0 号

3 Emmy Grande（Colors）
棉 100% 10g/团 约 44m 26 色
蕾丝针 0 号、钩针 2/0 号

4 Emmy Grande（Colorful）
棉 100% 25g/团 约 110m 8 色
蕾丝针 0 号、钩针 2/0 号

5 Emmy Grande（Bijou）
棉 97%，涤纶 3% 25g/团 约 110m
银色 5 色、金色 5 色
蕾丝针 0 号、钩针 2/0 号

DMC

6 Cebelia 10 号
长纤维棉 100% 50g/团 约 270m
31 色（彩色）、8 色（基本色）
蕾丝针 0~2 号

7 Cebelia 20 号
长纤维棉 100% 50g/团 约 410m
31 色（彩色）、8 色（基本色）
蕾丝针 2~4 号

8 Babylo 10 号
棉 100%
50g/团 约 267m 39 色
100g/团 约 533m 4 色
蕾丝针 0~2 号

横田 DARUMA 蕾丝线

9 蕾丝线 30 号 葵
棉（长绒棉）100% 25g 145m 21 色
蕾丝针 2~4 号

10 金属蕾丝线 30 号
铜氨纤维 80%，涤纶 20% 20g
137m 7 色 蕾丝针 2~4 号

11 长绒棉古典
棉（长绒棉）100% 25g 116m 37 色
钩针 2/0、3/0 号

* **1** 至 **11** 线材信息分别为：
含量→规格→线长→色数→适合针。

* 色数为 2014 年 5 月实时信息。

* 印刷刊物，颜色与实物会有少许差异。

8 图片/p.12

线：DMC Cebelia（10号）/米色系（739）…6g
针：蕾丝针2号
成品尺寸：1边（内侧边长）约12.5cm

11 图片/p.13

线：DMC Cebelia（10号）/白色（BLANC）…5g、
蓝色系（799）…2g
针：蕾丝针2号
成品尺寸：1边（内侧边长）约13cm

熨烫方法
（作品编织完成后，熨烫）
• 荷叶边横向熨烫摊开，多余部分同相邻花样重合

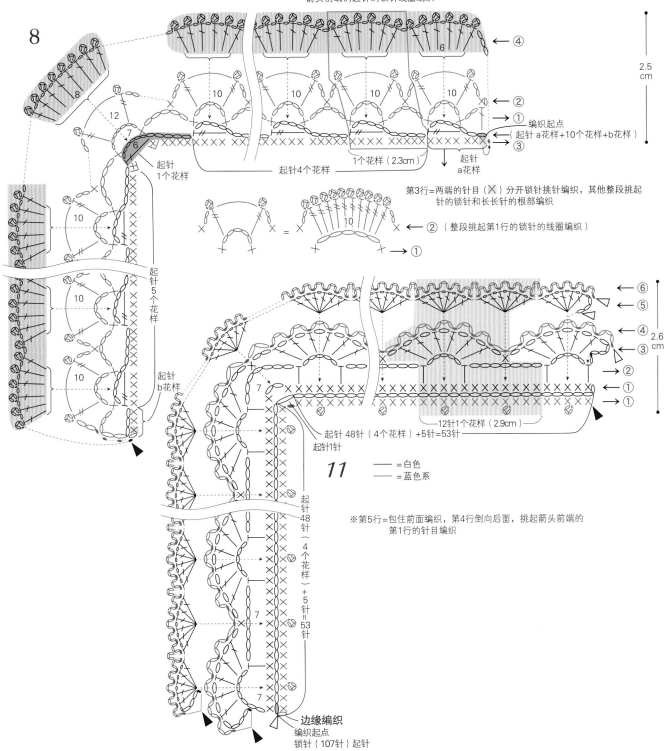

第4行＝包住前面编织，第1、2行压向后面，整段挑起
箭头前端的起针的锁针线圈编织

编织起点
（起针 a花样+10个花样+b花样）

起针
a花样

起针4个花样

1个花样（2.3cm）

起针
1个花样

第3行＝两端的针目（×）分开锁针挑针编织，其他整段挑起
针的锁针和长长针的根部编织

（整段挑起第1行的锁针的线圈编织）

起针
5个花样

起针
b花样

2.5
cm

2.6
cm

起针 48针（4个花样）+5针=53针
起针1针

11 ── ＝白色
　　　── ＝蓝色系

12针1个花样（2.9cm）

※第5行＝包住前面编织，第4行倒向后面，挑起箭头前端的
　第1行的针目编织

起针
48针
（4个花样）+5针=53针

边缘编织
编织起点
锁针（107针）起针

23 图片/p.25

线：奥林巴斯 Emmy Grande（Herbs）/绿色系
（273）、红色（190）…各3g
针：蕾丝针2号
成品尺寸：1边（内侧边长）约16cm

32 图片/p.37

线：奥林巴斯 Emmy Grande（Colors）/原白色（804）…4g，
Emmy Grande/紫色系（623）…4g、黄色系（541）…1g
针：蕾丝针2号
成品尺寸：1边（内侧边长）约12.5cm

23

⑤ ⑥ ⑦ ⑧

④

花朵接合位置
（4处）

③

②

叶子
绿色系

④ 4cm

① 编织起点

←2.5cm→

花朵 红色 4朵

←②
→①

编织起点
锁针（22针）起针

↓

花朵的组合方法

←1.5cm→

织片正面相对，卷起
调整形状，接合下侧

* 编织方法
1 制作 4 朵花朵。
2 编织叶子，按①～⑧的顺序连接。
3 花朵接合于叶子上。

32

⑤ ⑥ ⑧ ⑨

环 环 环 环

④ 环

② 环

分开锁针接线

① 环

主体
① ② ③

边缘
编织

3.1
cm   4.6
cm

12针1个花样
（3.3cm）

——— = 原白色
——— = 黄色系   = 2针 3卷长针的枣形针
——— = 紫色系

= 分开锁针编织

= 整段挑起连接各花片的引拔针的根部
编织

= 同样花片的连接
编织花片时，整段挑起先编织的
花片的箭头前的锁针的线圈，编
织引拔针连接（参照p.4的"花
片连接方法③"）

* 编织方法
1 编织花片，按①～⑨的顺序连接。
2 编织主体。第 1 行从花片挑针编织，接着编织第 2、3 行。
3 从花片挑针，编织边缘编织。

花片
9片

② ①

环

42 图片/p.45

线：奥林巴斯 Emmy Grande/粉色系（123）…8g
针：蕾丝针0号
成品尺寸：1边（内侧边长）约13cm

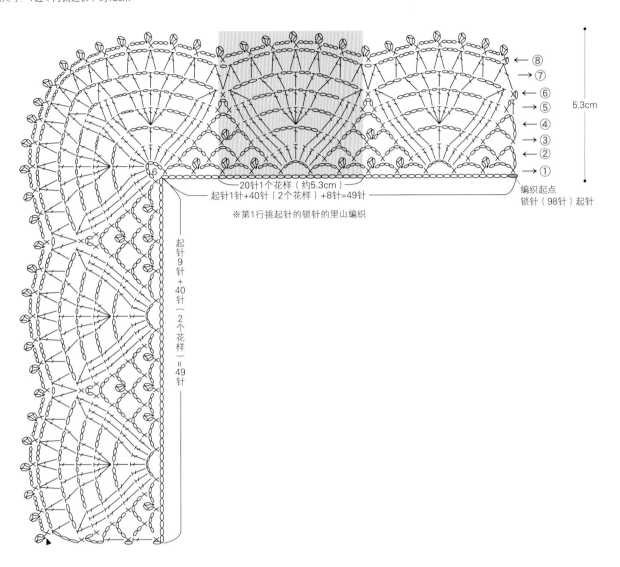

5.3cm

←⑧
→⑦
←⑥
→⑤
←④
→③
←②
→①

编织起点
锁针（98针）起针

20针1个花样（约5.3cm）
起针1针+40针（2个花样）+8针=49针

※第1行挑起针的锁针的里山编织

起针9针+40针（2个花样）=49针

Point Lesson

31 图片/p.37、做法/p.39
整段挑起连接方法

1 编织至主体的转角部分，在主体的第2个锁针线圈的引拔针处，如箭头所示整段挑起。

2 钩针挂线引拔。

3 引拔，花朵的花片和主体连接完成。

4 如符号图所示编织，花朵的花片和主体的转角部分连接完成。

符号图的看法

根据日本工业标准（JIS）规定，符号图均为显示实物的正面状态。
钩针编织没有下针及上针的区别（上拉针除外），即使下针及上针交替编织的平针，符号标记也相同。

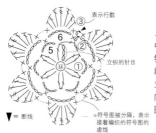

表示行数
立织的针目
环
= 断线
…… = 符号图被分隔，表示接着编织的符号图的虚线

从中心编织成圆形

中心制作圆环（或锁针），每一圈都按环形编织。在各行的起始处立织锁针。基本上，看向织片的正面，按符号图从右至左编织。

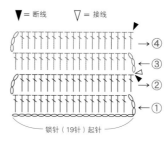

▼ = 断线　▽ = 接线

锁针（19针）起针

平针

左右立起为特征，右侧立织时看向织片正面，符号图从右至左编织。左侧立织时看向织片反面，符号图从左至右编织。图为第3行更换了配色线的符号图。

线和针的拿法

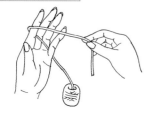

1 将线从左手的小指和无名指之间拉出至前面，挂在食指上，线头在前面。

2 用拇指和中指捏住线头，抬起食指撑起线。

3 右手拇指和食指握着针，中指轻轻贴着针头。

起针的方法

1 如箭头所示，钩针从线的后面进入，并转动钩针。

2 钩针再次挂线。

3 穿入线圈内，将线拉出至前面。

4 拉出线头、拉紧线圈，最初的起针完成（此针不计入针数）。

起针

从中心编织成环
（用线头做中心）

1 在左手的食指上缠绕2圈线，制作线环。

2 将手指从线环中抽出，钩针穿入其中，将线拉出至前面。

3 钩针再次挂线拉出，编织立织的锁针。

4 第1行将钩针插入线环中，编织所需数量的短针。

5 先松开针，抽出最初线环的线及线头，拉紧线圈。

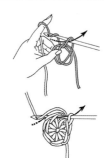

6 第1行的末端，钩针插入最初短针的头部后引拔。

从中心编织成环
（锁针环形起针）

1 编织所需数量的锁针，在最初锁针的半针中入针并引拔。

2 钩针挂线拉出，编织立织的锁针。

3 第1行在圆环中入针，整段挑起锁针，编织所需数量的短针。

4 第1行的末端，在最初的短针的头部入针并引拔。

平针编织时

1 编织所需数量的锁针及立织的锁针，在靠近钩针一端的第2针锁针处入针，挂线拉出。

2 钩针挂线，如箭头所示，拉出线。

3 第1行编织完成（立织的1针锁针不计入针数）。

锁针的看法

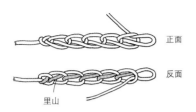

正面

反面

里山

锁针分为正面及反面。反面中央的 1 根线称为锁针的"里山"。

上一行针目的挑起方法

编入 1 针

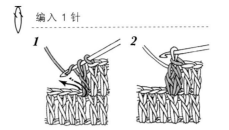

1　　　*2*

整段挑起编织锁针

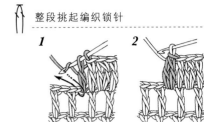

1　　　*2*

即使是相同的枣形针，针目的挑起方法也会因符号图的不同而不同。符号图下方闭合时在上一行的 1 针中入针编织，符号图下方打开时整段挑起编织上一行的锁针编织。

针法符号

〇 锁针

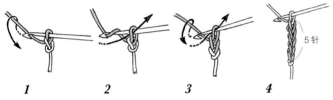

5针

1　　*2*　　*3*　　*4*

1 编织最初的针目，钩针挂线。

2 将线拉出，完成锁针。

3 用相同方法，重复步骤 **1**、**2**。

4 5针锁针完成。

● 引拔针

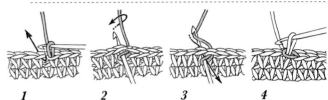

1　　*2*　　*3*　　*4*

1 在上一行针目中入针。

2 钩针挂线。

3 线一并引拔出。

4 完成 1 针引拔针。

✕ 短针

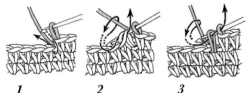

1　　*2*　　*3*　　*4*

1 在上一行针目中入针。

2 钩针挂线，线圈拉出至前面（拉出的状态为未完成的短针）。

3 钩针再次挂线，从 2 个线圈中引拔出。

4 完成 1 针短针。

⊤ 中长针

1　　*2*　　*3*　　*4*

1 钩针挂线，在上一行针目中入针。

2 钩针再次挂线，拉出至前面（此状态为未完成的中长针）。

3 钩针挂线，从 3 个线圈中引拔出。

4 完成 1 针中长针。

⊤ 长针

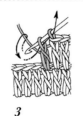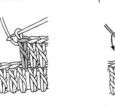

1　　*2*　　*3*　　*4*

1 钩针挂线，在上一行针目中入针，再次挂线拉出至前面（此状态为未完成的长针）。

2 如箭头所示，钩针挂线从 2 个线圈中引拔出。

3 钩针再次挂线，从剩余的 2 个线圈中引拔出。

4 完成 1 针长针。

⫧ 长长针　　**⫤ 3卷长针**　※（）内为3卷长针

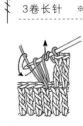

1　　*2*　　*3*　　*4*

1 绕线于钩针 2 圈（3圈），在上一行针目中入针，挂线后将线圈拉出至前面。

2 如箭头所示钩针挂线，从 2 个线圈中引拔出。

3 同步骤 **2** 的方法重复 2 次（3次）。※完成 1 圈（2圈）时是未完成的长长针（未完成的 3 卷长针）的状态

4 完成 1 针长长针。

77

1针放2针短针　　 1针放3针短针　　2针短针并1针

1 编织1针短针。

2 在同一针目中入针，拉出线圈，编织短针。

3 完成1针放2针短针。在相同针目中再编织1针短针。

4 在上一行的1针中编入3针短针。比上一行增加2针。

1 如箭头所示，在上一行的针目中入针，拉出线圈。

2 下个针目用同样方法拉出线圈。

3 钩针挂线，从3个线圈中引拔出。

4 完成2针短针并1针。比上一行减少1针。

1针放2针长针　　　　　　　　　　　　2针长针并1针

1 在编织1针长针的同一针目中，再编织1针长针。

2 钩针挂线，从2个线圈中引拔出。

3 钩针再次挂线，从剩余的2个线圈中引拔出。

4 1个针目中钩织了2针长针。比上一行增加1针。

1 在上一行的1针中编织未完成的1针长针，钩针如箭头所示插入下一针，将线拉出。

2 钩针挂线，从2个线圈中引拔出，编织2针未完成的长针。

3 钩针挂线，如箭头所示从3个线圈中引拔出。

4 完成长针2针并1针。比上一行减少1针。

3针锁针的狗牙拉针　　　　　　　　　　3针长针的枣形针

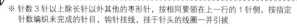 ※ 针数3针以上除长针以外其他的枣形针，按相同领在上一行的1针侧，按指定针数编织未完成的针目，钩针挂线，挂于针头的线圈一并引拔

1 编织3针锁针。

2 在短针头部的半针及根部的1根线中入针。

3 钩针挂线，如箭头所示一次引拔出。

4 完成3针锁针的狗牙拉针。

1 在上一行的针目中编织1针未完成的长针。

2 在相同针目中入针，接着编织2针未完成的长针。

3 钩针挂线，从钩针上的4个线圈中引拔出。

4 完成3针长针的枣形针。

5针长针的爆米花针　　　　　　　　　　菱形的2针中长针的枣形针

1 在上一行同一针目中编织5针长针，然后取下钩针、如箭头所示重新插入。

2 直接将线圈引拔至前面。

3 再编织1针锁针，并收紧针目。

4 完成5针长针的爆米花针。

1 在上一行同一针目中编织2针未完成的中长针。

2 钩针挂线，从钩针上的4个线圈中引拔出。

3 钩针再次挂线，从剩余的2个线圈中引拔出。

4 完成菱形的2针中长针的枣形针。

78

变形的 3 针中长针的枣形针

1 在上一行同一针目中编织 3 针未完成的中长针。

2 钩针挂线，如箭头所示从 6 个线圈中引拔出。

3 钩针再次挂线，穿过钩针上的引拔穿过剩下的线圈。

4 完成变形的 3 针中长针的枣形针。

 短针的条纹针

※ 除短针以外其他的条纹针，按相同要领挑起上一行后面半针，编织指定的符号

1 看着每行正面编织。扭转编织短针，引拔至最初的针目。

2 编织立织的 1 针锁针，挑起上一行后面半针，编织短针。

3 同样按照步骤 **2** 的要领，继续编织短针。

4 上一行的前面半针呈现条纹状。完成第 3 行短针的条纹针。

 短针的棱针

※ 除短针以外其他的棱针同样按相同要领挑起上一行后面半针，编织指定的符号

1 如箭头所示，在上一行针目的后面半针中入针。

2 编织短针，下一针目同样在后面半针中入针。

3 编织至一端，改变织片方向。

4 同步骤 **1**、**2**，在后面半针中入针，编织短针。

 短针的正拉针

※ 反面编织往返编织时，编织正拉针

1 如箭头所示，在上一行的短针的根部入针。

2 钩针挂线，拉出比短针稍长的线。

3 钩针再次挂线，从 2 个线圈中引拔出。

4 完成 1 针短针的正拉针。

 短针的反拉针

※ 反面编织往返编织时，编织反拉针

1 如箭头所示，从反面在上一行短针的根部入针。

2 钩针挂线，如箭头所示，拉出至织片的反面。

3 拉出比短针长一些的线，钩针再次挂线，从 2 个线圈中引拔出。

4 完成 1 针短针的反拉针。

可憐なコーナーパターン

Copyright © eandgcreates 2014

Original Japanese edition published by E&G CREATES.CO.,LTD

Chinese simplified character translation rights arranged with E&G CREATES.CO.,LTD

Through Shinwon Agency Beijing Office.

Chinese simplified character translation rights © 2020 by Henan Science & Technology

Press Co.,Ltd.

备案号：豫著许可备字-2014-A-00000002

图书在版编目（CIP）数据

美丽的转角花边钩织 / 日本E&G创意编著；史海媛译. —郑州：河南科学技术出版社，
2020.4（2021.10重印）

ISBN 978-7-5349-9780-8

Ⅰ.①美… Ⅱ.①日… ②史… Ⅲ.①钩针—编织—图集 Ⅳ.①TS935.521-54

中国版本图书馆CIP数据核字（2020）第021774号

出版发行：河南科学技术出版社

地址：郑州市郑东新区祥盛街27号　　邮编：450016

电话：（0371）65737028　　65788613

网址：www.hnstp.cn

策划编辑：刘　欣

责任编辑：刘　瑞

责任校对：王晓红

封面设计：张　伟

责任印制：张艳芳

印　　刷：河南博雅彩印有限公司

经　　销：全国新华书店

开　　本：889 mm×1194 mm　　1/16　　印张：5　　字数：130千字

版　　次：2020年4月第1版　　2021年10月第2次印刷

定　　价：49.00元